人工智能算法

（卷2）：受大自然启发的算法

Artificial Intelligence for Humans

Volume 2: Nature-Inspired Algorithms

[美] 杰弗瑞 · 希顿（Jeffery Heaton）著　王海鹏 译

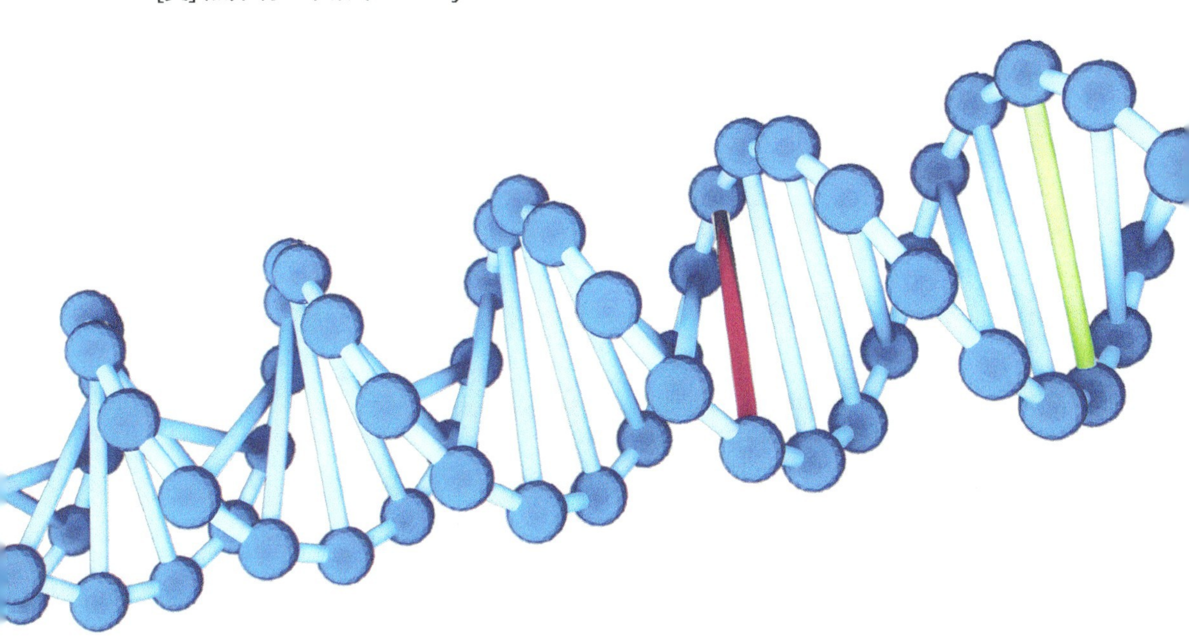

人民邮电出版社
北京

图书在版编目（C I P）数据

人工智能算法. 卷2，受大自然启发的算法 / (美)
杰弗瑞·希顿（Jeffery Heaton）著；王海鹏译. -- 北
京：人民邮电出版社，2020.11
ISBN 978-7-115-54431-5

Ⅰ. ①人… Ⅱ. ①杰… ②王… Ⅲ. ①人工智能一算
法 Ⅳ. ①TP18

中国版本图书馆CIP数据核字(2020)第124396号

版权声明

◆ 著　　［美］杰弗瑞·希顿（Jeffery Heaton）
译　　王海鹏
责任编辑　陈冀康
责任印制　王　郁　焦志炜
◆ 人民邮电出版社出版发行　　北京市丰台区成寿寺路 11 号
邮编　100164　　电子邮件　315@ptpress.com.cn
网址　https://www.ptpress.com.cn
北京九州迅驰传媒文化有限公司印刷
◆ 开本：720×960　1/16
印张：12.75　　2020 年 11 月第 1 版
字数：151 千字　　2025 年 3 月北京第 25 次印刷
著作权合同登记号　图字：01-2019-4801 号

定价：69.00 元

读者服务热线：(010)81055410　印装质量热线：(010)81055316
反盗版热线：(010)81055315

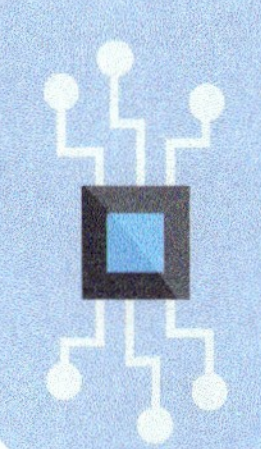

内容提要

算法是人工智能技术的核心，大自然是人工智能算法的重要灵感来源。本书介绍了受到基因、鸟类、蚂蚁、细胞和树影响的算法，这些算法为多种类型的人工智能场景提供了实际解决方法。全书共10章，涉及种群、交叉和突变、遗传算法、物种形成、粒子群优化、蚁群优化、细胞自动机、人工生命和建模等问题。书中所有算法均配以具体的数值计算来进行讲解，每章都配有程序示例，读者可以自行尝试。

本书适合人工智能入门读者以及对人工智能算法感兴趣的读者阅读参考。

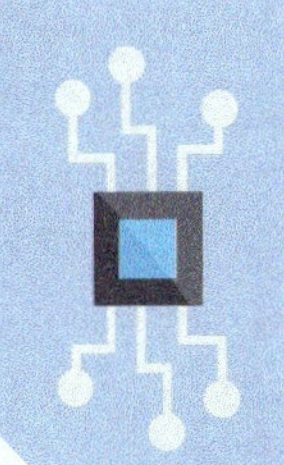

序 / FOREWORD

我在北美精算师协会的*Predictive Analytics & Futurism*快报做了几年编辑，很高兴与许多才华横溢的数学家、经济学家和未来学家合作，分享他们有关新技术的知识，以更好地应对日益复杂的世界。几年前，我说服不是精算师的Jeffery Heaton参加我们的遗传算法竞赛，他赢了！从那时起，Jeff一直是频繁的贡献者、同事（我们现在一起工作）、北美精算师协会的联合演讲者，也是我们正在进行的机器学习探险中的好朋友和同伴。Jeff长期从事机器学习、人工智能（AI）和相关主题的研究。对他来说，这是爱好，也是投入激情的事情。现在，他被聘为数据科学家，他热爱这个能在日常工作中沉浸于自己的爱好的机会。他的热情具有感染力，我认为你在阅读他的书时会发现这一点。

Jeff的网站每月的点击量超过100 000次，访问来自世界各地的研究人员、学者和爱好者。Encog是他的开源认知研究引擎，医生用它来寻找检测癌症的更好方法，而高频交易者则尝试用它来优化交易算法。

最近，Jeff申请了一个计算机科学博士学位项目并被采纳。与其他撰写AI图书的作者不同，Jeff不是一位学术型教授，他不会通过复杂的公式和神秘的术语来空谈并让人迷惑，以炫耀他的知识才能。而且，他也不假设读者是“傻瓜”。我个人认为“傻瓜”丛书令人反感。谁愿意被当作“傻瓜”？Jeff和我们一样！他通过阅读、编码和修改来学习技能。他为一些AI解决方案所必需的线性代数知识而苦苦挣扎，不得不上课学习。他很同情那些聪明的“门外汉”，他们想学习AI，但在专业数学方面需要一些帮助。有些作者会将他们最喜欢的编程语言强加给所有读者，但Jeff不是这样，他让我们避免了针对特定语言的陡峭学习曲线。Jeff做出了特殊的努力，让广大读者都可以阅读本书，而不仅仅是统计学或计算机科学专业的博士才可以阅读。广大读者想了解AI的内容是什么，也想知道为什么随着大数据海啸席卷而来，AI变得越来越重要。

根据人们对他的Encog引擎和他以前编著的书的反馈，Jeff发现，读者不希望为了尝试一种新的AI技术而去学习一种新的计算机编程语言。本书的示例采用伪代码，因此每个人都可以理解它们。本书的GitHub开源库提供了几种编程语言的版本，因此你可以通过实践来强化学习过程。你可以自行修改这些“无秘密”代码。这不是“黑盒子”演示。如果你是一名程序员，使用Java、R、Python、C#、C、Scala等语言之一（可能还有更多的语言），那么你可以下载并运行所有示例代码。这些代码已经过测试，能够正常运行。你无须花费时间来调试代码，只需享受体验AI学习过程。

在此，我强调了本书的可读性，但是这并不意味着本书的内容不重要。在本卷中，Jeff介绍了诸如遗传算法、蚁群优化和粒子群优化等算法，展示了它们的用途（何时有用以及为何有用），以及如何实现它们。这些是重要的主题。他的“人工智能算法”系列图书介绍了一些令人兴奋的主题，许多人会认为这些主题令

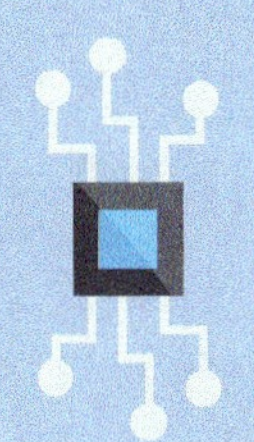

人生畏。这本书是在讲脑外科手术吗？不是！但是它涉及神经网络和一些前沿话题，例如深度信念网络。请享受本书，享受本系列图书，享受这场冒险！

Dave Snell[①]

① Dave Snell于2007年从位于澳大利亚悉尼的RGA Reinsurance Company的亚太技术副总裁职位退休，他负责管理亚洲和澳大利亚地区的新技术和现有技术。目前，他回到美国，担任RGA副主席的顾问。在那里，他与精算师和技术合作伙伴之间有着良好的关系，通过使用技术工具来更好地识别和克服业务障碍。Dave用数十种编程语言编写了数千个程序，包括在十几个国家和地区使用的基于人工智能的专家系统。他参与发明的一个机器学习方法最近获得了美国专利（专利号8775218）。

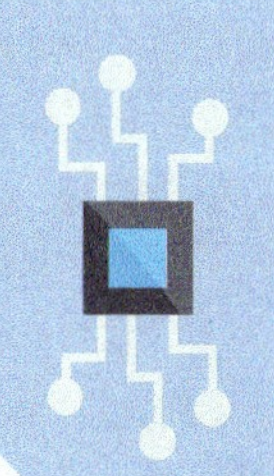

引言 / INTRODUCTION

人工智能（Artificial Intelligence，AI）是一个涵盖许多子学科的宽泛研究领域。本书是介绍人工智能中算法主题的系列图书的第2卷。对于尚未阅读第1卷的读者，这里将提供一些背景信息。在阅读本书之前，读者不必先阅读第1卷。下面我们先介绍一下本系列图书和第2卷的相关内容。

系列图书介绍

本系列图书将向读者介绍人工智能领域的各种热门主题，但无意成为巨细靡遗的人工智能教程。每本书都专注于AI的一个特定领域，让读者熟悉计算机科学领域的一些最新技术。

本系列图书以一种在数学上易于理解的方式讲授人工智能相关概念，这也是英文书名中“for Human”的含义。因此，我总是在理论之后给出实际的编程示例和伪代码，而不仅仅依靠数学公式。尽管如此，我还是要做出以下假设：

- 假定读者精通至少一门编程语言；
- 假定读者对大学代数课程有基本的了解；
- 不要求读者对微积分、线性代数、微分方程与统计学中的公式有太多了解，我将在必要时介绍它们。

书中示例均已改写为多种编程语言的形式，读者可以将示例适配于某种编程语言，以满足特定的编程需求。

编程语言

本书中只给出了伪代码，而具体示例代码则以Java、C#和Python等语言形式提供，此外还有社区支持维护的Scala语言版本。社区成员正在努力将示例代码转换为更多编程语言，说不定当你拿到本书的时候，你喜欢的编程语言也有了相应的示例代码。访问本书的GitHub开源库可以获取更多信息，同时我们也鼓励社区协作来帮我们完成代码改写和移植工作。如果你也希望加入协作，我们将不胜感激。更多相关流程信息可以参见本书附录A。

在线实验环境

本系列图书中的许多示例都使用了JavaScript语言，并且可以利用HTML5在线运行。移动设备也必须具有HTML5运行能力才能运行这些程序。所有的线上实验环境资料均可在以下网址中找到：

http://www.aifh.org

这些在线环境使你即便在移动设备上阅读电子书，也能尝试各种示例。

代码仓库

本系列图书中的所有代码均基于开源许可证Apache 2.0发布，相关内容可以在以下GitHub开源库中获取：

https://github.com/jeffheaton/aifh

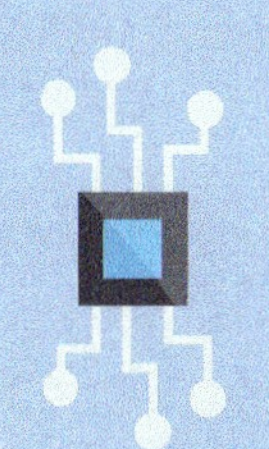

附带JavaScript实验环境示例的在线实验环境则保存在以下GitHub开源库中：

https://github.com/jeffheaton/aifh

如果你在运行示例时发现有拼写错误或其他错误，可以派生（fork）该项目并将提交的修订推送到GitHub。你也会在越来越多的贡献者中获得赞誉。有关贡献代码的更多信息，请参见附录A。

系列图书出版计划

本系列图书的写作计划如下。

- 卷0：AI数学入门；
- 卷1：基础算法；
- 卷2：受大自然启发的算法；
- 卷3：深度学习和神经网络。

卷1～卷3将会依次出版，而卷0则会作为“提前计划好的前传”，在本系列图书出版接近尾声之际完成。本系列所有图书都将包含实现程序所需的数学公式，前传将对较早几卷中的所有概念进行回顾和扩展。在卷3出版后，我还打算编写更多有关AI的图书。

通常，你可以按任何顺序阅读本系列图书。每本书的引言都将提供其前几卷的一些背景资料。这种组织方式能够让你快速跳转到

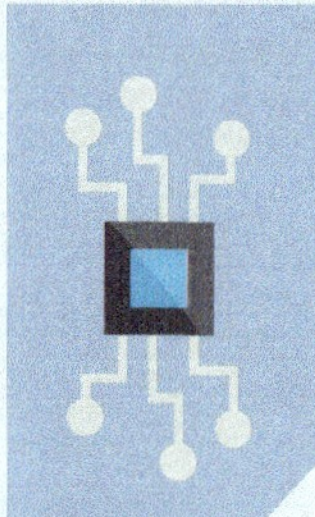

包含你感兴趣领域的那一卷。如果你想补充知识，可以阅读上一卷。

其他资源

当你在阅读本书的时候，互联网上还有很多别的资源可以帮助你。

首先是可汗学院，它是一个非营利性的教育网站，上面收集整理了许多讲授各种数学概念的视频。如果你需要复习某个概念，可汗学院官网上很可能就有你需要的视频讲解，读者可以自行查找。

其次是网站“神经网络常见问答”（Neural Network FAQ）。该网站拥有大量神经网络和其他人工智能领域的相关信息。

此外，Encog项目的维基页面也有许多机器学习方面的内容，并且这些内容并不局限于Encog项目。

最后，在Encog的论坛上也可以讨论与人工智能和神经网络相关的话题，这些论坛都非常活跃，你的问题很可能会得到某个社区成员甚至是我本人的回复。

受大自然启发的算法

大自然会启发人工智能研究者和学习者。本书介绍了基于基因、鸟类、蚂蚁、细胞和树的算法。这些算法可用于查找最佳路径、识别模式、查找数据背后的公式，甚至模拟简单的生命等。

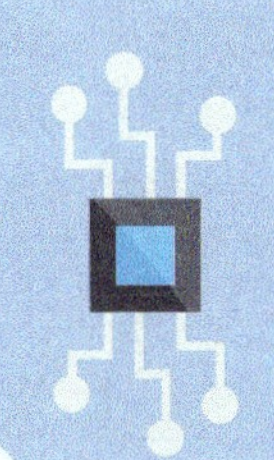

有时，自然界中的生物会相互配合。如狼会一起狩猎，鸟会成群结队地迁徙。作为程序员，你可以设计一组虚拟生物，利用它们一起解决问题。

另一些时候，自然界中的生物相互竞争。我们可以利用“最适者生存”来指导程序的演化。演化算法允许多种潜在的解决方案竞争、繁殖和演化。经过许多代之后，一个潜在的优秀解会被演化出来。

重要的是，要记住我们只是从大自然中寻求灵感，而不追求复制自然，并且如果需要的话，我们可以偏离生物学过程。与先进的计算机能够模拟的过程相比，实际的生物过程通常都要复杂得多。

本书内容结构

第1章“种群、计分和选择”引入本书其余部分将要使用的概念。受大自然启发的算法通过形成解的种群来解决问题。评分允许算法评估种群成员的有效性。

第2章“交叉和突变”介绍几种交叉和突变的方法，种群成员可以为下一代创建潜在的更好的解。交叉允许两个或多个潜在解结合其特征，产生下一代的解。突变让个体可以为下一代创建其自身的稍有变化的版本。

第3章“遗传算法”将第1章和第2章的思想组合成一个具体的算法。遗传算法通过演化来优化定长数组，以提供更好的结果。本章将展示如何使用定长数组找到旅行商问题（Traveling Salesman

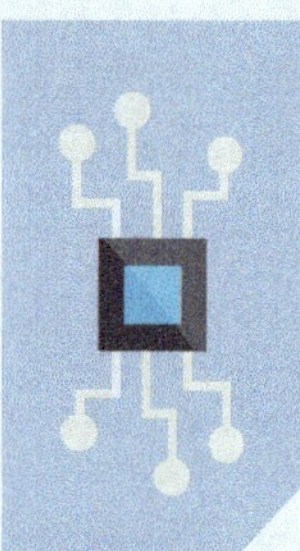

Problem，TSP）的解决方案，以及如何使用花朵的测量值来预测鸢尾花种类。

第4章“遗传编程”展示了演化算法的解数组不一定总是固定长度的。实际上，利用这些想法，可以将计算机程序表示为树，这些树可以演化并生成其他程序，以更好地执行其预期任务。

第5章“物种形成”讨论如何将种群划分为一个物种。就像交叉是通过种群中两个个体的组合来创造后代一样，物种形成也通过相似解决方案的交配而产生后代。程序员从大自然中借用了这个概念，只有同一物种的生物才可以配对并繁殖。

第6章“粒子群优化”使用粒子组搜索最优解。计算机软件中的这种分组本能是根据自然建模的。“牛群”“昆虫群”“鸟群”和“鱼群”等例子表明，有机体自然倾向成群出行，将成群出行作为对付捕食者的最佳解决方案。

第7章“蚁群优化”讨论蚂蚁的信息素追踪如何为计算机程序员提供灵感。随着越来越多的蚂蚁跟随其同伴留下的化学物质前进，足迹变得越来越强。计算机程序可以采用类似的技术来找到最优解。

第8章“细胞自动机”利用简单的规则来产生非常复杂的结果和模式。创建有趣的细胞自动机的关键，是找到一些可以利用基于人类的遗传算法进行演化的简单规则。

第9章“人工生命”旨在反映出真实生命的特征，其中包含本书的一个重点项目。本章将创建一个模拟植物生长的程序。为了帮

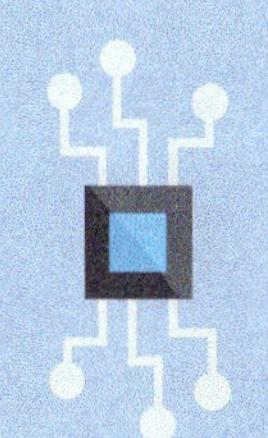

助读者查看进度，本章将该程序划分为3个里程碑，并提供代码。

第10章“建模”讨论数据科学如何使用受大自然启发的算法。本章还包含了本书的第二个重点项目。本书将利用来自Kaggle教程竞赛之一的数据集，向读者展示如何创建模型来预测泰坦尼克号上的乘客是幸存还是死亡。本章也会用3个里程碑展示这个项目，以便读者验证进度。

致谢

作为一次成功的众筹产物，本系列图书在2013年得以面世。

我衷心地感谢该项目的所有支持者，没有你们的支持就没有本系列图书。我还要特别感谢那些赞助超过100美元的支持者。

最后，我非常感谢Rory Graves和Matic Potocnik将本系列图书的示例移植到Scala。Aaron Basil（Ethervision）做了技术编辑，并提供了一些有价值的建议。我的妻子Tracy Heaton编辑了本书。Dave Snell提供了建议，并为本书作序。Dan Walker也为本书提供了一些很好的建议。

谢谢大家，你们真棒！

背景信息

你可以按任何顺序阅读“人工智能算法”系列图书，但是，本

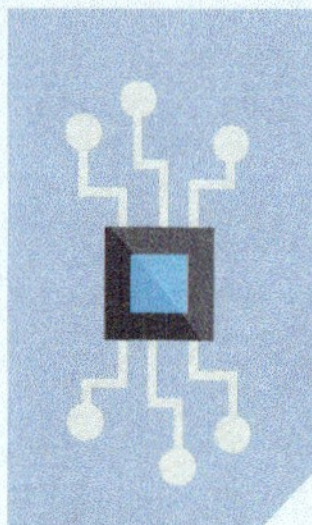

书确实扩展了卷1中介绍的某些主题。接下来将回顾这些主题。

向量

向量本质上就是一维数组。请注意，不要将向量的“维度”概念与待求解问题的“维度”概念相混淆，即使待求解的问题有10个输入通道，它也依然是一个向量——向量始终是一维数组，10个输入通道则会被存储为一个长度为10的向量。

在人工智能算法中，向量通常用来存储某个具体实例的数据。该特定实例可能是位置、客户的统计信息、工厂的测量结果，甚至是神经网络的权重——所有这些数据都取决于你要解决的问题。现实世界中的“距离”概念在此也得到了很好的体现。一张纸上的某个点就具有x和y两个维度，同样，三维空间中的一个点则具有x、y、z三个维度。二维空间中的一个点可以被存储为长度为2的向量，相应地，三维空间中的一个点也可以被存储为长度为3的向量。

我们的宇宙由3个可感知的维度构成——虽说“时间”有时被称作“第四维”，但这实际上是一种人云亦云的说法，并不意味着“时间”真的是一个实实在在的维度，至少我们只能感受到前3个维度。由于人类无法感知更高的维度，因此要理解高于三维的空间是极为困难的——只是稍有些不巧的是，在人工智能算法中，经常需要用到极高维度的向量空间。

由于AI经常使用鸢尾花数据集（iris data set）[①]，因此你会在本

① Fisher，1936。

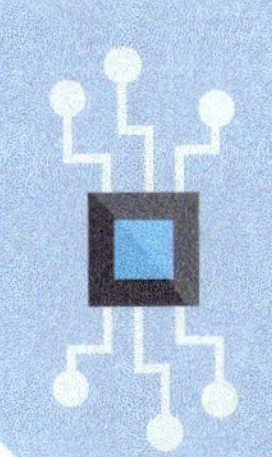

书中多次看到它。它包含150种鸢尾花的测量值和物种信息，并且数据基本上表示为带有以下列（或特征）的电子表格：

- 萼片长度；
- 萼片宽度；
- 花瓣长度；
- 花瓣宽度；
- 鸢尾花种属。

“花瓣”是指鸢尾花的最里面的花瓣，而“萼片”是指鸢尾花的最外面的花瓣。你可能会把这个数据集想成是长度为5的向量，然而实际上“种属”这一特性与其余4种属性的处理方式并不相同。因为向量通常只含有数字，而前4种特性本身就是数字量，“种属”却不是。

此数据集的主要应用之一是创建一个程序作为分类器。也就是说，它将花朵的特征作为输入（萼片长度、花瓣宽度等），并最终确定种类。对于完整的已知数据集，这种分类程序将是微不足道的，但是我们的目标是使用未知鸢尾花的数据来查看模型是否可以正确识别物种。

单纯的数字编码只能将鸢尾花种属转换为一维的量，因此我们必须使用像突显编码法、等边编码法这样可以添加额外维度的编码方法，以使各个种属编码结果间距相等。毕竟在分类鸢尾花的时候，我们并不希望由于编码方式而出现什么偏差。

把鸢尾花的各项特征视作高维空间中的各个维度这一想法意

义极为重大，如此一来就可以把各个样本（即鸢尾花数据集中的各行）视作这个高维搜索空间中的点，相邻的点也就具有相似的特征。下面以鸢尾花数据集中的3行数据为例，我们来看看这些相似之处：

```
5.1,3.5,1.4,0.2,Iris-setosa
7.0,3.2,4.7,1.4,Iris-versicolor
6.3,3.3,6.0,2.5,Iris-virginica
```

第一行显示萼片长度为5.1、萼片宽度为3.5、花瓣长度为1.4、花瓣宽度为0.2。如果我们对0 ～ 1的范围使用突显编码法编码，则以上3行将编码为以下3个向量：

```
[5.1,3.5,1.4,0.2,1,0,0]
[7.0,3.2,4.7,1.4,0,1,0]
[6.3,3.3,6.0,2.5,0,0,1]
```

卷1中讨论的等边编码法是物种另一种可能的编码方式。现在你已经拥有向量形式的数据，可以计算任何两个数据项之间的距离。接下来将描述几种不同的方法，用来计算两个向量之间的距离。

距离

根据勾股定理发展出来的欧氏距离测量基于两个向量之间的实际二维距离。换句话说，如果你绘制向量并用直尺对其进行测量，则两点之间的距离就是欧氏距离。具体来说，如果你有两个点(x_1, y_1)和(x_2, y_2)，那么通过公式1描述两点之间的距离。

$$d=\sqrt{\left(x_2-x_1\right)^2+\left(y_2-y_1\right)^2} \quad (1)$$

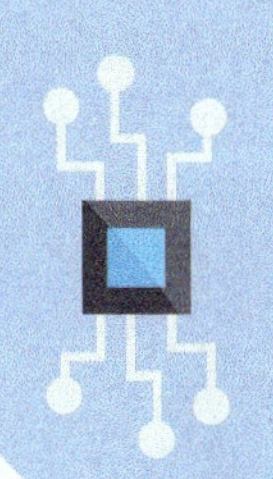

图1展示了两点之间的二维欧式距离。

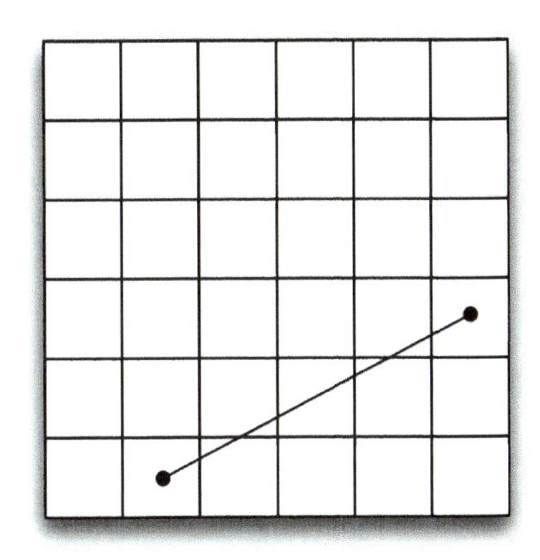

图1　二维欧氏距离

公式1足以比较两个长度为2的向量。但是，大多数向量的长度大于2。要计算任意长度的向量的欧氏距离，请使用欧氏距离方程的一般形式。

机器学习通常利用欧氏距离测量，因为这是比较元素数量相同的两个数字向量的快速方法。考虑3个向量，分别为向量$\boldsymbol{a}$、向量$\boldsymbol{b}$和向量$\boldsymbol{c}$，向量$\boldsymbol{a}$与向量$\boldsymbol{b}$之间的欧氏距离为10，向量$\boldsymbol{a}$与向量$\boldsymbol{c}$之间的欧氏距离为20。在这种情况下，向量$\boldsymbol{a}$的内容更匹配向量$\boldsymbol{b}$，而不是向量$\boldsymbol{c}$。

公式2展示了Deza（2009）提供的用于计算欧氏距离的公式。

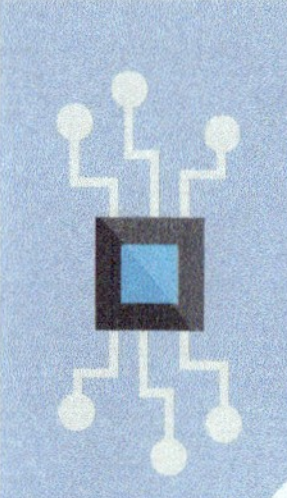

$$d(\boldsymbol{p},\boldsymbol{q}) = d(\boldsymbol{q},\boldsymbol{p}) = \sqrt{\sum_{i=1}^{n}(\boldsymbol{q}_i - \boldsymbol{p}_i)^2} \quad (2)$$

公式2展示了两个向量$\boldsymbol{p}$和$\boldsymbol{q}$之间的欧氏距离d。它还指出$d(\boldsymbol{p},\boldsymbol{q})$与$d(\boldsymbol{q},\boldsymbol{p})$相同。换句话说，无论哪一端是起点，距离都是相同的。计算欧氏距离只需要对每个数组元素之差的平方求和，然后找到该和的平方根，该平方根就是欧氏距离。

下面以伪代码的形式展示公式2。

```
sub euclidean(position1, position2):
  sum = 0
  for i from 0 to len(position1) -1:
    d = position1[i] - position2[i]
    sum = sum + d * d;

  return sqrt(sum);
```

使用径向基函数建模

人工智能使用模型来接收输入向量并产生正确的输出，从而使模型能够识别该输入。例如，你可能会针对鸢尾花数据集中的4个测量值提供输入，并期望输出鸢尾花的种属。在本节中，我们将介绍一个径向基函数（Radial-Basis Function，RBF）网络[①]，该网络是用于回归和分类的模型。回归模型返回数值，而分类模型返回一个非数值，例如鸢尾花种属。

为了使输入生成正确的输出，RBF网络使用了一个参数向量，

① Bishop，1996。

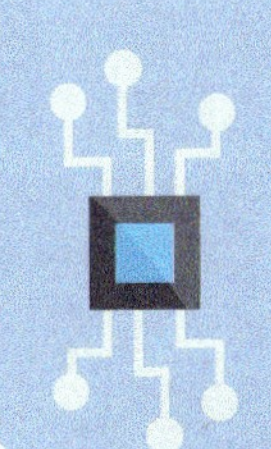

即一个指定权重和系数的模型。通过调整一个随机的参数向量，RBF网络产生与鸢尾花数据集一致的输出。调整参数向量以产生所需输出的过程称为训练。有许多用于训练RBF网络的方法。参数向量也代表它的长期记忆。

下面将简要回顾径向基函数的概念，并描述这些向量的确切组成。

径向基函数

径向基函数是人工智能领域一个非常重要的概念，因为很多人工智能算法都需要用到这种技术。径向基函数关于其在x轴上的中点对称，并在中点处达到最大值，这一最大值称作“峰值”，且峰值一般为1。实际上在径向基函数网络中，峰值总是1，中点则视情况而定。

径向基函数可以是多维的，但无论输入向量是多少维的，输出总是一个标量值。

有很多常见的径向基函数，其中最常用的就是“高斯函数”。图2就是以0为中心的一维高斯函数的图像。

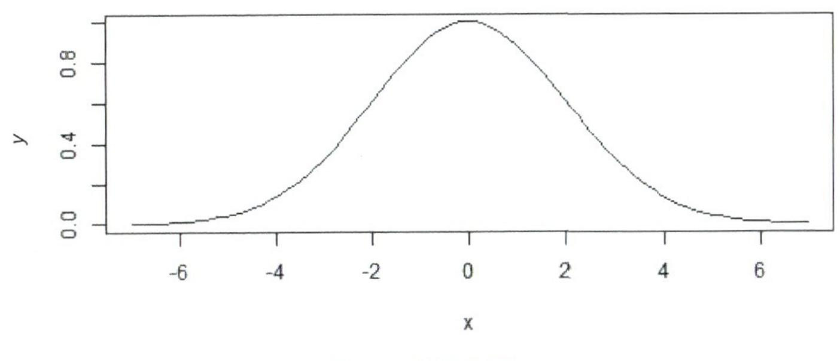

图2　高斯函数

你可能会将上述曲线识别为正态分布或钟形曲线，其实这是一个径向基函数。径向基函数通常被用于选择性地放缩数据，高斯函数也不例外。以图2为例，如果用这个函数来放缩数据，则中心点处放缩幅值最大，越往x轴正负方向移动，放缩幅值越小。

在给出高斯径向基函数的公式之前，先要研究一下多维的情况如何处理。需要注意的是，径向基函数的输入是多维数据，返回的则是一个标量值——这是通过计算径向基函数的输入向量和中心向量之间的距离实现的，其中“距离”记为r。当然，要使计算能够进行，输入向量和中心向量维数必须相同。只要计算出了这个r，接下来就可以计算出对应的径向基函数值了——所有的径向基函数都要用到这个计算出的“距离”r。

公式3即为r的计算公式：

$$r = \|\boldsymbol{x} - \boldsymbol{x}_i\| \tag{3}$$

公式3中双竖线的符号表示计算的是“距离”。欧氏距离是径向基函数中最常用的距离概念，但在特殊情况下，也有可能使用其他的距离概念——本书中的示例均使用欧氏距离。因此本书中的r指的就是输入向量$\boldsymbol{x}$和中心向量$\boldsymbol{x}_i$之间的欧氏距离，本节所有径向基函数中的“距离”r均由公式3计算得出。

高斯径向基函数的公式如公式4所示：

$$\phi(r) = \mathrm{e}^{-r^2} \tag{4}$$

只要计算出了r，计算径向基函数的值就很容易了，公式4中的希腊字母ϕ一般用来表示“径向基函数”。公式4中的常数e表示欧拉数或自然常数，值大约为2.718 28。

径向基函数网络

径向基函数网络本质上就是一至多个径向基函数的加权求和，其中每个径向基函数均接受一个带权重的输入，从而对输出进行预测。可将径向基函数网络视为包含参数向量的一个长方程。公式5描述了一个径向基函数网络：

$$f(\boldsymbol{X})=\sum_{i=1}^{N} a_i p(\| b_i \boldsymbol{X}-\boldsymbol{c}_i \|) \tag{5}$$

注意，其中双竖线表示运算结果是“距离”，但并未规定计算距离的算法，也就是说选取哪种距离参与运算需要视情况而定。公式5中的$\boldsymbol{X}$指的是输入向量；$\boldsymbol{c}$是径向基函数的中心向量；p是所选的径向基函数（比如高斯函数）；a是每个径向基函数对应的系数，一般为向量形式，也称“权重”；b则是每个输入对应的权重系数。

下面以鸢尾花数据集为例，应用径向基函数网络，图3即为该网络的图形化表示。

图3所示的网络有4项输入（包括萼宽、萼长、瓣宽、瓣长），分别对应于描述鸢尾花种属的各项特征。为简单起见，图3中假定3个鸢尾花种属的编码方式为突显编码法；当然也可以用等边编码

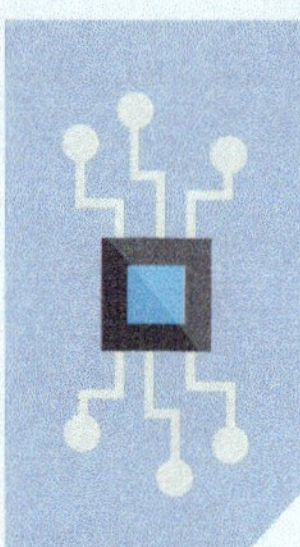

法，不过输出项就应该只有两个了。示例中需要选取3个径向基函数——这一选择没有什么限制条件，全凭个人喜好。增加径向基函数的数目能够使模型学习更加复杂的数据集，但也会耗费更多的时间。

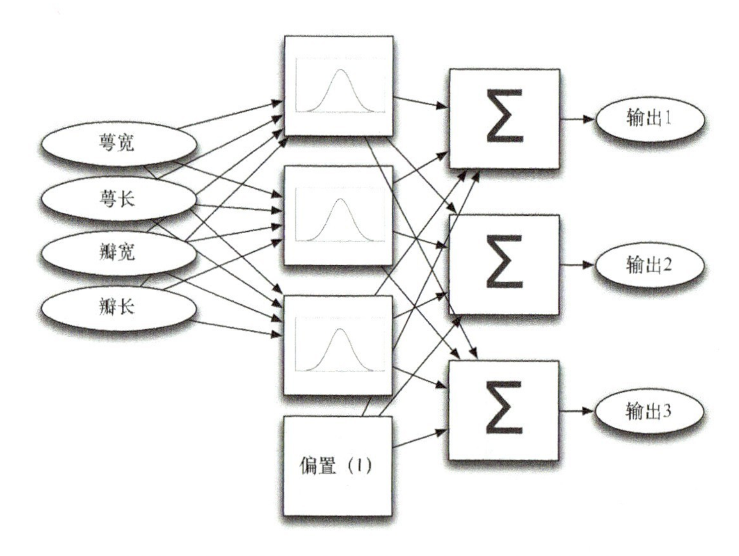

图3　以鸢尾花数据集为输入的径向基函数网络

图3中的箭头代表公式5中全部的系数：输入和径向基函数之间的箭头表示的是公式5中的系数b；径向基函数和求和号之间的箭头则表示系数a。可能你也注意到了图3中的“偏置”框，这是人为添加的一个返回值总是1的函数；由于偏置函数的输出是一个常数，因此也就不需要输入了。偏置项到求和号之间的权重起着类似于线性回归中“截距”的作用，因此偏置的存在并不总是坏事儿，在本例中，偏置就是径向基函数网络的一个重要组成部分。在

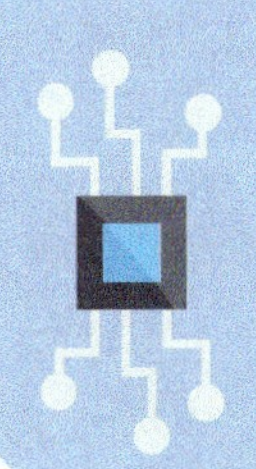

神经网络中，也经常会用到“偏置节点”。

从图3中有多个求和号可以看出，这是一个分类问题，几个求和运算的最大值所对应项即预测结果。而如果是一个回归问题，则输出应当只有一项，即为回归问题的预测结果。

你肯定注意到了图3中的偏置节点，其所在位置与径向基函数属同一层级，就像是另一个径向基函数，只不过不像径向基函数那样需要接受输入而已。这个偏置节点总是输出常数1，然后这个1再乘以对应的系数，就相当于无论输入是什么情况，都把对应系数直接加到了输出项中。尤其在输入为0的时候，偏置节点就会很有用，因为它使得即使输入为0，径向基函数层也依然有值可以输出。

径向基函数网络的长期记忆向量由如下几个不同的部分组成：

- 输入系数；
- 输出系数（求和系数）；
- 径向基函数放缩范围（在各维度上范围相同）；
- 径向基函数中心向量。

径向基函数网络把所有的元素保存为一个向量，这个向量即为该径向基函数网络的“长期记忆向量”。稍后我们会使用贪心随机训练算法或爬山算法来训练网络，以使其长期记忆向量的值达到能够根据提供的特征数据正确判断鸢尾花类别的程度。

这个模型的工作原理与公式5相差无几，仅有的不同在于该

方程更加复杂，因为现在需要计算多个输出值以及径向基函数的函数值了。

以上是有关向量、距离和径向基函数网络的基本概述。由于这里的讨论仅包含理解卷2内容所需的预备知识，因此，要了解这些主题的更全面的解释，请参阅卷1。

资源与支持

本书由异步社区出品，社区（https://www.epubit.com/）为你提供相关资源和后续服务。

配套资源

本书提供如下资源：

- 本书配套源代码。

要获得以上配套资源，请在异步社区本书页面中点击 配套资源 ，跳转到下载界面，按提示进行操作即可。注意：为保证购书读者的权益，该操作会给出相关提示，要求输入提取码进行验证。

提交勘误

作者和编辑尽最大努力来确保书中内容的准确性，但难免会存在疏漏。欢迎你将发现的问题反馈给我们，帮助我们提升图书的质量。

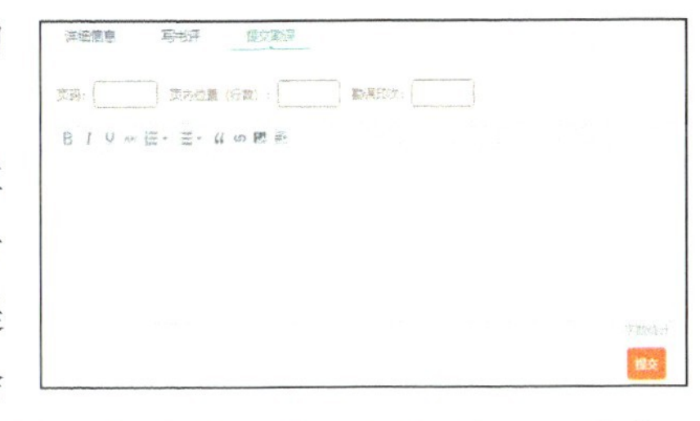

当你发现错误时，请登录异步社区，按书名搜索，进入本书页面，点击“提交勘误”，输入勘误信息，点击“提交”按钮即可。本书的作者和编辑会对你提交的勘误进行审核，确认并接受后，你将获赠异步社区的100积分。积分可用于在异步社区兑换优惠券、样书或奖品。

扫码关注本书

扫描下方二维码，你将会在异步社区微信服务号中看到本书信息及相关的服务提示。

与我们联系

我们的联系邮箱是 contact@epubit.com.cn。

如果你对本书有任何疑问或建议，请你发邮件给我们，并请在邮件标题中注明本书书名，以便我们更高效地做出反馈。

如果你有兴趣出版图书、录制教学视频，或者参与图书翻译、技术审校等工作，可以发邮件给我们；有意出版图书的作者也可以到异步社区在线投稿（直接访问 www.epubit.com/selfpublish/submission 即可）。

如果你来自学校、培训机构或企业，想批量购买本书或异步社区出版的其他图书，也可以发邮件给我们。

如果你在网上发现有针对异步社区出品图书的各种形式的盗版行为，包括对图书全部或部分内容的非授权传播，请你将怀疑有侵权行为的链接发邮件给我们。你的这一举动是对作者权益的保护，也是我们持续为你提供有价值的内容的动力之源。

关于异步社区和异步图书

“异步社区”是人民邮电出版社旗下 IT 专业图书社区，致力于出版精品 IT 技术图书和相关学习产品，为作译者提供优质出版服务。异步社区创办于 2015 年 8 月，提供大量精品 IT 技术图书和电子书，以及高品质技术文章和视频课程。更多详情请访问异步社区官网 https://www.epubit.com。

“异步图书”是由异步社区编辑团队策划出版的精品 IT 专业图书的品牌，依托于人民邮电出版社近 30 年的计算机图书出版积累和专业编辑团队，相关图书在封面上印有异步图书的 LOGO。异步图书的出版领域包括软件开发、大数据、AI、测试、前端、网络技术等。

异步社区

微信服务号

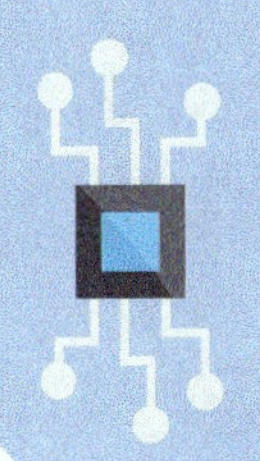

目录 / CONTENTS

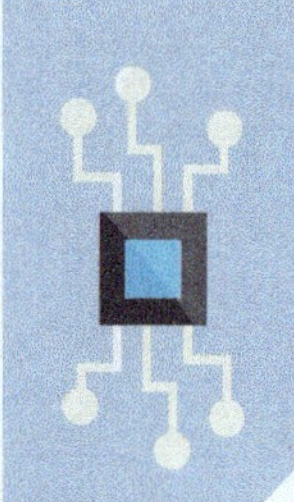

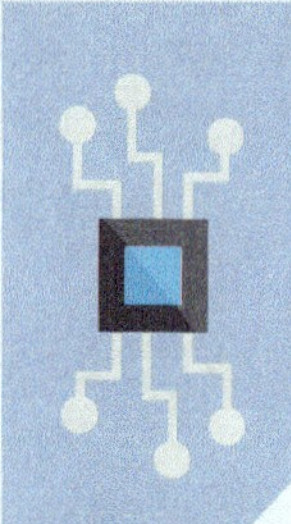

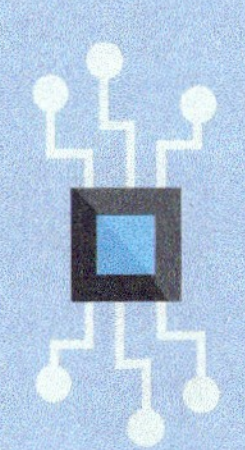

第1章 种群、计分和选择

本章要点：

- 种群；
- 精英；
- 计分；
- 选择；
- 选择算法的可伸缩性。

人工智能（Artificial Intelligence，AI）编程通常会求出问题的解。在求解方面，AI编程与传统计算机编程没有太大不同，但在人工智能中，解的发现过程更加抽象和自动化。人工智能中的解通常表示为支持向量机（Support Vector Machine，SVM）、神经网络、随机森林、遗传程序、隐马尔可夫模型等。总之，这些AI技术被称为模型。模型接受输入并产生适当的响应。我们的大脑是终极模型。

我们经常会将许多不同的模型作为一个种群来处理。为了解决问题，许多算法使用了模型的种群。我们在动物界中看到了种群的价值，某些物种通过协作来求生存，如鸟儿群集在一起寻找食物，狼通常成群捕猎。从这个意义上讲，种群可以视为一个群体。种群也可以随着时间的流逝而不断演化，以适应其环境。例如，解的一个小种群可能会找到通过一些城市的最短路径。然而，并非所有种群的使用都是这

样渐进的。种群中一些较小的部分可以自己组织起来解决问题。例如，一个程序可能经过许多世代来演化一个公式，从而更好地解释数据。

种群是必要的，但必须有一种方法来为其成员计分。例如，在人类社会中，我们一直在根据大学录取、职位晋升和工作项目来互相评估。在AI中，计分允许程序比较种群中的两个竞争解，以便选择最好的一个。此外，计分在求最终解的许多选择形式中都发挥着作用。

选择是针对特定任务选择种群成员的过程。在自然界中，当非常适合其环境的生物生存、繁殖并延续该物种时，选择过程就发生了，这是自然选择。AI同时使用正面和负面的选择形式，选择得分较高的解，以帮助找到更好的解，而终止得分较差的解，以便为更好的解让路。

本章将讨论种群、计分和选择。你将看到针对每个主题的几种方法。这些概念为第2章奠定了基础，在第2章中，我们将利用选定的解来找到更好的解。

1.1 理解种群

本章中“种群”一词与Merriam-Webster词典（2014）中的一种定义，即“居住在一个地方的一群特定种类的人或动物”较为类似。在本书中，种群是解决问题的一组潜在方法。这些潜在解属于同一种类，因为它们解决相同的问题。有时，解种群中的成员将分为不同的物种，但是我仍将这些成员归为同一种群。

种群也是统计研究中常用的术语。统计种群被定义为“从中抽取样本进行统计测量的一组个人、物体或物品”①。在统计数据中，人们经常将种群细分为较小的、可管理的组，称为样本。通常，我们从种

① Merriam-Webster，2014。

群中抽样时会偏向得分较高的个体。在另一些时候，我们可能会进行纯粹的随机抽样，从而为种群中的每个成员提供平等的获选机会。

解种群也被视为统计种群。类似于统计学家通常会从种群中抽样，演化算法也会从解种群中抽样。抽样通常涉及从潜在解种群中随机选择单个或多个个体，然后将这些样本用于选择。选择抽样将在后文讨论。

1.1.1 初始种群

种群规模通常不会随着演化算法的发展而改变。种群规模是一个硬性限制。例如，如果你指定500个人，那么总会保持500个人。如果有5个人出生，则必须有5个人死亡，以维持500个人的平衡。我们会创建一个初始种群，其计数等于该种群规模，构成初始种群的初始潜在解将被随机生成。这些最初的随机解可能不太好，但是，其中一些随机解的得分会比较高。

程序中使用的算法类型会影响种群规模。种群成员可以是竞争的，也可以是合作的。合作种群通常以固定规模开始，并且永远不会添加或删除新成员。竞争种群总是会创造出后代，以维持这个固定种群的规模。这些后代也被称为“迭代”，下一代的孩子仅由最合适的亲本产生，一旦竞争种群的下一代达到这个最大的后代数量，就不会再有孩子出生了。

这些算法模仿自然，因为动物种群通常既有竞争性，又有合作性。例如，一群狼一起狩猎，而多个狼群相互竞争以争夺稀缺资源。另外，在选择头狼的过程中将存在竞争。受大自然启发的算法要么是竞争的，要么是合作的，两者不能同时实现。在本书中，我们将从竞争种群开始，讲解每种算法的示例。

1.1.2 种群成员之间的竞争

竞争种群的算法包括遗传算法和遗传编程。这些算法都会创建潜在的解，分数较高的解更有可能被选择用于交配并提供下一代种群。除交配外，竞争种群的成员之间没有直接合作。

竞争种群总是会包含一个或多个获得最佳分数（比如打平）的解。还有一个可能的结果是，下一代不包含超过上一代最佳分数的新解。如果发生这种情况，最优解的分数将下降，从而使训练倒退一步。这种结果通常是不希望产生的。

你可以通过“精英”来解决这一问题，精英是一种训练设置，用于指定将多少个获得最佳分数的解用于下一代。因为精英设置始终会保留最优解，所以它可以保证算法不会倒退到较差的分数。可以将其设置为多个获得最佳分数的解，而不只是单个解。精英不是防止种群的最佳分数在代际间倒退的唯一途径。此外，“联赛”也可以防止分数下降。联赛选择将在后文介绍。

1.1.3 种群成员之间的合作

AI中的种群并非都是竞争种群，AI中也存在合作种群。合作种群的算法包括粒子群优化（Particle Swarm Optimization，PSO）和蚁群优化（Ant Colony Optimization，ACO），在这两种算法中，各个潜在的解相互学习。在它们寻求指定问题的良好解时，信息在个体之间共享。

合作种群总会跟踪其成员已经找到的最优解，但算法不会贪心，而会在寻求最优解时接受一个较差的解。由于这个特性，跟踪至今为止找到的最优解非常重要。保留这些记录可以使你恢复到最优解，即使种群成员已转向较差的解。

与竞争算法一样，合作算法也是迭代的。但是，一次合作迭代不会用新一代取代先前的种群。合作算法的迭代仅表示对每个潜在解的一次完整遍历，评估解的有效性并获得了分数。在每个迭代周期结束时，所有潜在的解都会进行协作并调整它们的解参数，使得分数最大化。

1.1.4 表型和基因型

表型和基因型是两个来自生物学的术语，它们对某些受大自然启发的算法很重要。基因型是遗传信息，生物体根据它来生长。表型是由基因型产生的实际生物组织。同卵双胞胎就是理解表型和基因型之间差异的一个很好的例子。同卵双胞胎拥有相同的基因型，但是，双胞胎会成长为不同的人，具有稍显不同的身体特征。在AI中，相同的基因型会成长为两个略有不同的表型。

然而，大多数演化算法不区分表型和基因型。潜在解的基因型和实际解的表型之间没有区别。因此，我将遵循该指导原则，不在我讨论的演化算法中区分表型和基因型。

HyperNEAT神经网络是一种可以区分表型和基因型的受大自然启发的算法的例子[①]，它不是本书的主题，而是本系列第3卷计划的主题。

1.1.5 岛屿种群

地理分离会对生物自然种群的进化产生重大影响。塔斯马尼亚岛、加拉帕戈斯群岛和马达加斯加岛等岛屿的生态特征都与距其最近的大陆完全不同。此外，岛上和岛外种群之间的互动可能会随着时间

① Stanley，2009。

而变化。岛屿可能曾经是大陆的一部分，陆桥可能存在又消失。这些事件控制着个体之间的分离程度。

岛屿的概念也可以在受大自然启发的算法中使用，以使多个种群在很大程度上彼此独立，就像真实的岛屿将种群分开一样。算法还可以选择允许岛之间的偶然交互。这种间歇性相互作用类似于陆桥或其他允许生物在生态系统之间传播的地质事件。

岛屿概念最常用于竞争种群。将潜在解分为多个种群，可以使新的创新不断发展，而不会受到现有种群的威胁。岛屿之间偶尔可以进行互动，并允许其他岛屿的外来解引入新的想法。

多元种群概念也可以应用于合作种群，这类似于公司创建多个团队来解决同一问题。这些团队有时可能会就某个想法进行协作，但它们在很大程度上是自主的。例如，可以认为施乐帕克研究中心是与施乐公司分开的孤岛。尽管帕克研究中心可能会不时与施乐公司合作，但它们的分离使它们能够为计算问题创建一些非常独特的解。

总的来说，多元种群的概念具有一些非常实际的用处，它与分布式计算非常兼容。所有分布式计算问题中最困难的方面之一，就是组成计算集群的各个计算机之间的同步问题。由于不同的种群之间固有地彼此独立，因此该算法不需要同步，这使得该任务容易在并行系统上实现。

1.2 对种群计分

能够对种群成员进行计分是非常有价值的，种群成员的分数决定了该种群成员所代表的潜在解的适用性。大多数演化算法可以使分数最小化或最大化，你需要确定是低分好还是高分好。一些人类运

动，例如高尔夫球，追求的是最低分或低分，足球等运动则追求最高分或高分。

在将成员添加到种群时，要对该成员进行计分。潜在解的分数通常与解存储在同一对象上。这个存储位置可以让程序不需要持续重新计算分数。最初，你需要为随机种群的每个成员计分。如果种群成员发生变化，那么它的分数还需要重新计算，如果添加了新的种群成员，那么需要确定它的分数。

对个体进行计分的确切方法，取决于所解决问题的类型。适应度函数用于评估可能的解并指定分数。例如，简单的适应度函数可以轻松地将模型的预期输出与从模型中获得的实际输出进行比较。此外，你可以创建更复杂的适应度函数，这些函数使用自定义的程序代码来评估潜在的解。使用适应度函数的唯一要求是，它必须提供一个数字分数，以便与其他潜在解进行比较，从而评估某个潜在解。适应度函数有时称为损失函数（loss function）或目标函数（objective function）。

计分通常是演化算法的性能瓶颈。你常常需要针对加入种群的每个新的潜在解运行一个冗长的数据集，来自此类数据集的分数通常是训练集中每个元素的实际输出与预期输出之间的平均差。

1.3 从种群中选择

选择是从种群中挑选一个或多个潜在解的过程，这个过程通常称为“抽样”，你可以从各种不同的选择过程中进行挑选。每种选择算法都有其优缺点。常见的选择算法包括：

- 截断选择；
- 联赛选择；

- 适应度比例选择；
- 随机遍历抽样。

这些选择算法将在后文逐一讨论。

1.4 截断选择

截断选择是最基本的选择算法之一。Heinz Muhlenbein（1993）在关于育种者遗传算法（breeder genetic algorithm）的论文中指出，截断选择需要根据适应度对种群进行分类。分类后，选择一定比例（例如1/3）的种群作为育种种群。然后从育种种群中取样潜在解，以帮助生产下一代。创建第二代的具体方法将在第2章中讨论。图1-1展示了如何将整个种群按截断选择来划分。

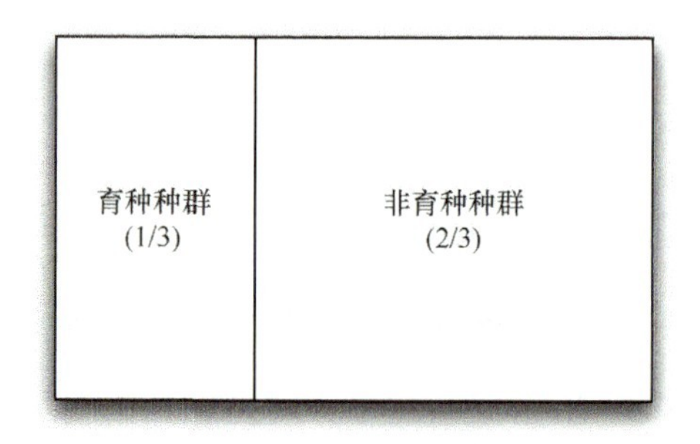

图1-1 截断选择

截断选择算法可以用清单1-1中的伪代码表示。

清单1-1 截断选择伪代码

```
def truncate_select(breeding_ratio, sorted_population)
  # Sort the population. For efficiency you should move
  # this outside the selection function and perform the sort
  # once for each batch of selections you will perform.
```

```
sort(sorted_population)
# Determine the size of the breeding population.
count = len(sorted_population) * breeding_ratio
# Obtain a uniformly distributed (all numbers have
# equal probability) single random number
# between 0 and count.
index = uniform_random(0,count)
# Return the selected element.
return sorted_population [index]
```

截断选择算法的最大限制之一，就是必须对种群进行排序，你必须不断使整个种群处于已知的排序状态。这种排序严重限制了该算法针对多核和分布式计算而并行化的能力。结果，该算法无法在大种群中很好地伸缩，因为你可能有许多不同的选择在并行运行。

此外，由于亲本只生孩子，而亲本没有加入下一代，因此有可能没有孩子达到或超过上一代最优解的分数。因此，你应该用精英来选择一个或多个最优解，并直接复制到下一代。如果不用精英，你的最佳得分可能会在两次迭代之间降低。

1.5 联赛选择

联赛选择是演化算法的另一种流行的选择算法。它易于实现，解决了截断选择的可伸缩性问题。联赛选择通过一系列轮数来进行，并总是让获胜者进入下一轮。轮数是一种训练设置，对于每一轮，你必须在种群中选择两个随机个体，得分较高的个体进入下一轮联赛[1]。

联赛选择可用于从种群中选择适应或不适应的个体。要让适应度分数较少者胜出，你只需要进行一次反转联赛。联赛选择的一个例子如图 1-2 所示。

① Miller，1995。

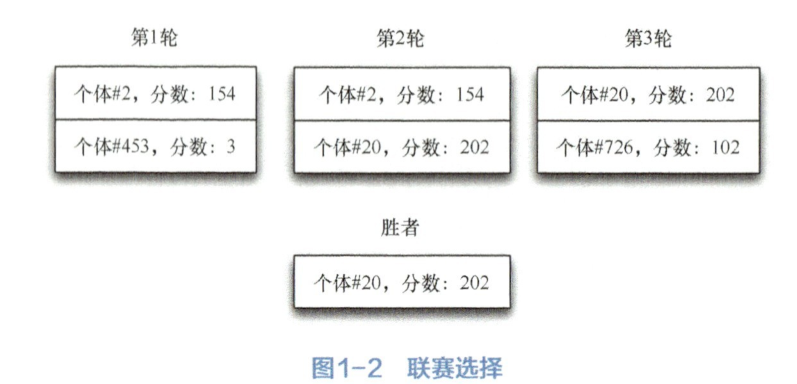

图1-2　联赛选择

在图1-2中，我们使用的轮数为3。第1轮，我们随机选择了两名成员。个体#2获得最佳分数，进入第2轮。在第2轮中，选择了新的竞争者——个体#20，得分为202，赢得了第2轮联赛，并进入第3轮。在第3轮中，个体#20保持冠军身份，并赢得了整个联赛。清单1-2总结了该算法。

清单1-2　联赛选择

```
# Perform a tournament selection with the specified number of
# rounds. A high score is considered desirable (maximize)
def tournament_select(rounds,population)
  # Nothing has been selected yet
  champ = null
  # Perform the rounds. There is a "round zero" where the first
  # contender is chosen becomes the champ by default.
  for x from 0 to rounds:
    # Choose a random contender from the population.
    contender = uniform_random(population)

    # If we do not yet have a champ,
    # then the current contender is the champ by default.
    if champ is null:
      champ = contender
    # If the contender has a better score, it is the new champ.
    else if contender.score > champ.score:
```

```
      champ = contender

  return champ
```

从清单1-2所示的代码中可以看到，不需要排序。你还可以将“小于”运算符翻转为“大于”运算符，从而创建反转选择。

使用联赛选择还可以打破演化算子经常使用的典型世代模型。打破世代模型将极大提高并行处理的效率，缺少世代模型也更接近生物学。由于每天都有婴儿出生，因此人类世代的开始和结束并没有一个明确的时刻。

要放弃世代模型，请使用联赛选择，并选择两个合适的亲本来生一个孩子。要选择不适应的种群成员，请进行反转联赛。不适应的种群成员被“杀死”，由新的孩子代替。这种联赛模型消除了对精英的需求。最优解永远不会被取代，因为反转联赛永远不会选择它。

该算法对于并行处理非常有效。并行处理循环可能类似于清单1-3。

清单1-3 并行演化

```
best = null
required_score = [the score you want]
# Loop so long as we either do not yet have a best,
# or the best.score is less than required_score.
parallel while best is null or best.score < required_score:
  # Lock, and choose two parents. We do not want changes
  # to the population while picking the parents.
  lock:
    parent1 = tournament_select(5, population)
    parent2 = null

  # Pick a second parent.
  # Do not select the same individual for both parents.
  while parent2 == null or parent1 == parent2:
    parent2 = uniform_random(population)
```

```
# Parents are chosen, so we can exit the lock
# and use crossover to create a child.
child = crossover(parent1, parent2)
child.score = score(child)
# we must now choose (and kill) a victim.
# The victim is replaced by the new child.
lock:
  victim = reverse_select(5, population)
  population.remove(victim)
  population.add(child)
# See if the child is the new best.
  if child.score > best.score
    best = child
```

清单1-3的代码包括两个加锁的部分。一个线程一次只能执行一个加锁的部分，当某个线程位于加锁区域内时，其他线程必须等待。为了提高效率，应该优化加锁部分中的代码，以便非常快速地执行。第一个锁只选择两个亲本，耗时的部分是为孩子计分。孩子的创建和计分在所有锁之外，这种方法很好，因为无须等待计分。将耗时的代码保留在锁之外，总是一个好习惯。最后的锁选择一个要被“杀死”的群成员并插入该孩子。我们还将跟踪至今为止找到的最优解。

你可能已经注意到上面的交叉（crossover）函数。交叉是将新成员添加到种群的几种方法之一。交叉将在第2章中讨论。

联赛选择在生物学上也是合理的。为了生存到第二天，个体不需要战胜种群中最快的掠食者，只需要战胜它在任何给定的一天遇到的掠食者。

1.6 如何选择轮数

轮数是一种训练设置，就像种群计数一样，即使训练设置不是最终解的一部分，它们也会影响你找到合适解的速度。通常，训练设置是通

过反复试验来设置的。我通常从种群数量1 000开始，并且轮数等于5。

因为我想了解轮数是如何影响所选个体的分数的，所以对它们进行了一个小实验，来确定它们的影响力。首先我创造了一个拥有1 000个个体的种群，每个个体的得分在0 ～ 999，具体取决于其在列表中的位置。然后，我对种群进行了多轮联赛选择，每轮100 000次，并返回了所选个体的平均得分，目标是让联赛选择返回适合的个体。如你所见，随着轮数增加，平均分数也增加了。

```
Rounds: 1, Avg Score: 665
Rounds: 2, Avg Score: 749
Rounds: 3, Avg Score: 799
Rounds: 4, Avg Score: 832
Rounds: 5, Avg Score: 857
Rounds: 6, Avg Score: 874
Rounds: 7, Avg Score: 888
Rounds: 8, Avg Score: 899
Rounds: 9, Avg Score: 908
Rounds: 10, Avg Score: 915
```

显然，我们希望选择适合的个体。研究发现，轮数为5是一个不错的折中，因为该轮数的平均得分接近所有平均得分的第90百分位数，而且选择的轮数不太多。但是，即使轮数在计算上“便宜”，我们也不总是希望在前1%的个体中选择亲本。我们确实想鼓励某种多样性。

1.7 适应度比例选择

适应度比例选择，也称为轮盘赌选择，是一种用于演化算法的流行选择算法[①]。该算法类似于轮盘赌，个体占据了轮盘赌的一部分，该部分与他们的得分意愿成正比。当人们旋转轮盘赌时，得分意愿更

① Back，1995。

大的个体更有可能被选择。图1-3展示了如何可视化这样的轮盘。

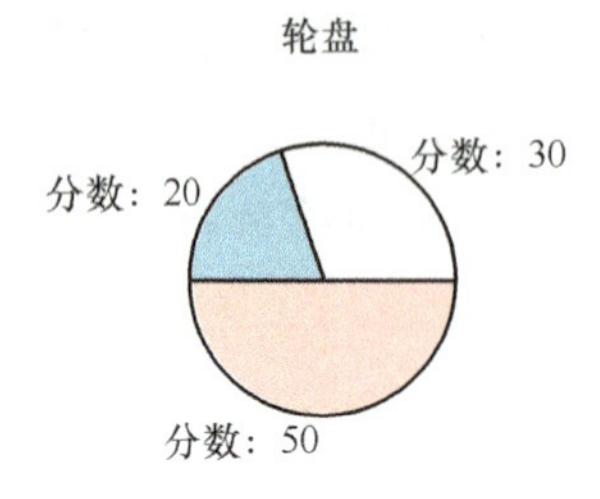

图1-3 适应度比例选择

图1-3展示了如何在轮盘上分配20、30和50的分数。分数为50有50%的机会被选中。分数不一定要像这样与个体所占的百分比相等，因为比例可以简单地根据分数总和来调整。适应度比例选择可能会选择最不适合的个体，而联赛或截断选择永远不会选择最不适合的个体。这个选择过程不一定很糟糕，选择过程中的多样性有时会产生有趣的结果，因为它允许新的想法进入种群。

适应度比例选择有几种不同实现。所有这些选择算法要么需要访问整个种群，要么需要对种群进行排序。从并行化的角度来看，适应度比例选择不符合需要。并行运行时，该算法很难对整个种群进行排序或求和。

清单1-4展示了适应度比例选择的伪代码实现。

清单1-4 适应度比例选择

```
# Select an individual using fitness-proportion selection
def fitness_proportion_select(population)
  # Calculate the total score, so that proportions
  # can be determined.
  total_score = 0
  for individual in population:
    total_score = total_score + individual.score
```

```
r = random_uniform(0,1)

# Spin through the areas on the wheel until we pass point "r".
covered_so_far = 0
for individual in population:
  covered_so_far = covered_so_far +
    (individual.score/total_score)
  # Have we covered the random point (r) yet?
  if r < covered_so_far:
    return individual

# Should not ever happen.
return null
```

清单1-4的算法首先计算所有分数的总和。这个过程使我们能够计算出每个单独分数所占的百分比，所需的计算是简单的百分比计算。然后，我们生成一个0～1的随机数。我们现在从0开始，将每个种群成员的大小加到总和上。一旦总和超过先前生成的随机数，我们就找到了包含我们的随机数的轮盘部分。轮盘的较大区域具有较高的被选择概率。当种群中的一个成员与其他成员相比得分非常高时，适应度比例选择可能会导致不良表现。这种类型的个体将主导选择。

1.8 随机遍历抽样

适应度比例选择利用重复随机选择从种群中选择几个个体，James Baker（1987）引入了随机遍历抽样（Stochastic Universal Sampling，SUS），用单个随机值对请求个体的数量进行抽样。这些个体按均匀的间隔来选择。这种类型的选择为种群中较弱（根据它们的适应度来衡量）的成员提供了被选择的机会，从而减弱了适应度比例选择的不公平性。

图1-4以图形方式展示了随机遍历抽样的工作方式。

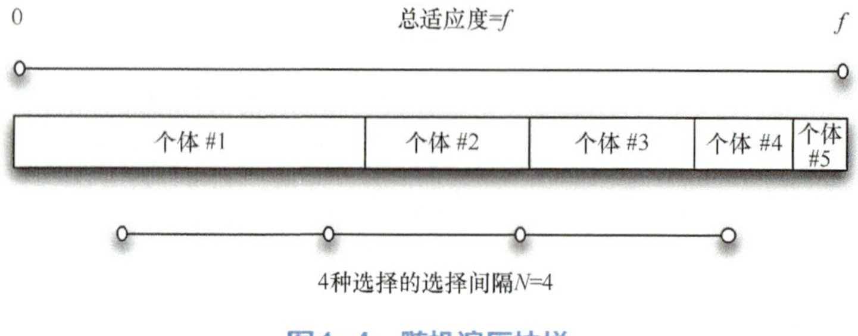

图1-4 随机遍历抽样

随机遍历抽样和以前看到的选择方法之间有一个非常重要的区别：当你同时选择所有需要的个体时，SUS的效果最佳。先前的选择方法分别选择个体。图1-4显示了从种群中选择的4个个体。可以看到，个体#1被选择了两次，然后个体#2被选择，最后个体#4被选择。我们在大小为5的种群中选择4个个体，因此可能会多次选择同一个个体。

图1-4底部的线展示了以固定间隔来选择的个体。该线的最左侧位置是生成的唯一随机数，它介于0和每条线段的长度之间。每条线段均等于f/N（总适应度除以请求的个体数量）。一旦选择了这个初始随机点，就可以通过向前移动来选择其他每个个体。

清单1-5展示了实现随机遍历抽样的伪代码。

清单1-5 随机遍历抽样

```
# N is the number of individuals to select.
def stochastic_universal_sampling(population, N)
  # Calculate the total score of the population.
  f = 0

  # Add up individual scores.
  for individual in population:
    f = f + individual.score

  # Calculate the distance between the pointers.
  p = f/N
```

```
# Choose random number between 0 and p
start = random_uniform(0,p)

# Define points
points = []
for i from 0 to (N-1):
  points[i] = start + (i * p)

# Perform basic roulette wheel select
selected = []
i = 0

# Loop over points
for p in points:
while population[i].score < p:
  i = i + 1
selected.add(population[i])

# Return selected individuals
return selected
```

如你所见，SUS从计算种群总体得分开始。SUS还要求对种群进行排序，如图1-4所示，这是因为该算法很可能会选择最普遍的个体，而与顺序无关[①]。尽管SUS在少数分数较高的个体主导适应度比例选择的情况下很有用，但是该算法在大数据和高度并行化的情况下效果不佳。当一个高分的个体主导选择时，联赛选择是一个很好的选择。联赛选择不会有某个个体占主导地位，因为每个个体都有参加联赛的机会。SUS可能会选拔非常弱小的个体，但是在联赛中它们总是会被淘汰。这个结果可能是理想的，也可能不理想。

选择一种选择算法

有了几种选择算法，你可能想知道要选择哪种算法。我总是使用

① Baker，1987。

联赛选择，因为它非常快速且可扩展。联赛选择的主要缺点在于，非常弱的个体往往很早就被淘汰，没有机会经过几代来优化和适应。这个结果可能导致种群止步于已经获得的最佳分数。

如果你没有使用物种形成，并且种群仍处于停滞状态，则可能要尝试随机遍历抽样。这种选择允许某些时候选择较弱的成员。如果性能是问题，可以禁用排序。你仍然必须跟踪种群的总适应度，但是，总适应度可以计算一次，然后随着种群的出生和死亡进行调整。这些调整可以使随机遍历抽样具有相当的可扩展性和可并行性。

1.9 本章小结

本章介绍了种群和选择。其中，种群是解决问题的一组潜在解。根据所用的演化算法，种群可以是合作的或竞争的。种群通过迭代的方式演进，并逐步完善它对问题的解。

合作种群是由一定数量的个体组成的群体，这些个体共同解决问题。粒子群优化和蚁群优化是合作算法的两个例子。在这两种情况下，个体将共同努力并共享信息，以找到针对所研究问题的更好的解。

竞争激烈的种群使成员相互竞争。适者生存，只有最优秀的个体才能成为亲本。这种行为使他们能够将自己的特质传给下一代，最后，获得最佳分数的个体将成为问题的最终解。

计分是将数字分数分配给种群中各个个体的过程。目标可能是追求低分或高分。一些算法要求根据分数对种群进行排序。这样的算法伸缩性不好，并且难以适应并行处理和分布式计算。

选择是从种群中选拔个体，以帮助创造下一代的过程。其中，截断选择是一种简单的算法，可以从可定义的最高百分比种群中随机选择个体。联赛选择是从种群中随机选择一组个体，取其中获得最佳分数的个体。适应度比例选择或轮盘赌选择根据其得分随机选择个体。随机遍历抽样以固定的间隔选择个体。联赛选择是最好的通用选择算法。

总之，本章重点介绍了如何选择个体，以便它们可以将自己的属性赋予下一代。在第2章中，我将介绍交叉和突变，描述选定的个体如何实际影响和产生下一代。

第2章 交叉和突变

本章要点：

- 演化算法；
- 拼接交叉；
- 重复基因；
- 改组突变；
- 扰动突变。

第1章介绍了种群，并介绍了合适亲本的选择过程。一旦选择过程选择了最喜欢的亲本，就需要用特定的演化算法，让那些亲本产生下一代。这些演化算法是竞争种群中必不可少的组成部分。实际上，它们代表了种群增加新个体的唯一途径。本章涉及3种不同类型的演化算子：

- 精英；
- 交叉；
- 突变。

第2章将对第1章的这些主题进行扩展讨论，展示演化算法如何利用精英、交叉和突变来创建连续世代的解。理想情况下，每次下一代都会在上一代基础上有所改进。

2.1 演化算法

演化算法有许多，并且大多数算法都利用演化算子，例如适应度函数、选择、精英、交叉和突变。根据你选择的演化算法，这些演化算子的实现会有所不同。后续章节将更详细地解释以下演化算法：

- 遗传算法（Genetic Algorithm，GA）；
- 遗传编程（Genetic Programming，GP）；
- 基于人的遗传算法（Human Based Genetic Algorithm，HBGA）；
- 粒子群优化（Particle Swarm Optimization，PSO）；
- 蚁群优化（Ant Colony Optimization，ACO）。

图2-1说明了本书中出现的演化算法之间的联系。其中，虚线椭圆表示算法的抽象类型而非实际的算法。

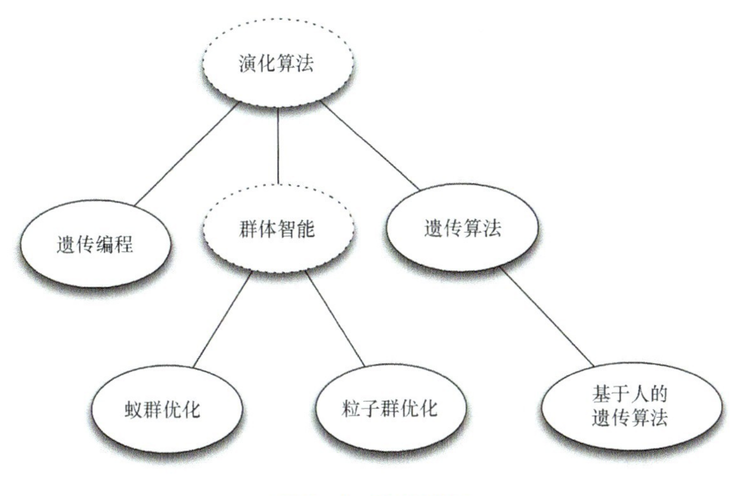

图2-1　演化算法

图2-1所示的算法具有许多共性：每个算法都是基于种群的，它们

都处理潜在解的种群，必须计分。换言之，你总会在演化算法中使用某种类型的计分函数。

一些算法使用竞争种群，如遗传编程、遗传算法和基于人的遗传算法使用竞争种群。因此，它们将利用精英、交叉和突变。配置设置决定你使用这些算法的程度。此外，种群规模通常是固定的。简而言之，竞争性演化算法使用以下4个配置设置及其常用的默认值。

- 种群规模：1 000；
- 精英计数：3；
- 交叉百分比：80%；
- 突变百分比：20%。

以上设置是演化算法的良好起点。精英计数值为3表示我们将始终把前3个个体复制到下一代。交叉百分比值和突变百分比值定义创建下一代所需的比率。该比率意味着，选择迁移到下一代的个体中有80%是来自两个选定亲本的参数的组合，而20%是只有一个亲本的副本，带有少量随机的参数变化。当然，交叉百分比值和突变百分比值的总和必须为100%。

2.2 解编码

到目前为止，我们已经研究了潜在解的种群。现在，我们需要解释一个解实际上是怎样的。大多数演化算法要求潜在解是定长数组，每个解必须具有与其他解相同的数组长度。尽管看起来限制很大，但遗传算法遵循该准则。使用演化算法最具挑战性的方面之一，是将解表示为固定长度的数组。因此，第3章会给出一些例子，将几种解表示为固定长度的数组。

确定固定长度数组中数据的性质至关重要。如果数组是数值的（即连续的），则每个数组元素代表一个浮点数。百分比、订单数量或薪水等值是数值的示例。如果要处理整数值（例如订单数量），则需要确保你的突变和交叉函数遵守数字的整数性质。

如果你的值是分类值，则它们是离散值，例如员工、城市、建筑构件或材料。非数值将影响你对这种类型的数组进行突变的方式。后文将对这些数组进行分析。

在演化算法中，可以使用可变长度结构作为解。但是，如果使用可变长度结构，就必须设计自己的交叉和突变算子。我们将在第4章中看到一个可变长度结构的例子。当我们使用遗传编程来演化公式时，公式的长度肯定会变化。

2.3 交叉

在演化算法中，交叉允许有性繁殖。在自然界中，当一个雄性和一个雌性交配并产生后代时，就会发生交叉。雌雄同体的生物，例如蜗牛，可以扮演母亲或父亲的角色。受大自然启发的算法中的交叉与自然界中的交叉有很大不同。大多数演化算法都允许任何个体与其他任何个体进行交叉，因为你所演化的解没有性别。换言之，交叉中不存在父本和母本。因此，不必选择雄性和雌性进行交叉。

尽管大多数交叉实现都有两个亲本对象，但这种设置并不是严格的要求。在David Snell（2013）的文章*Genetic Algorithms—Useful, Fun and Easy*中，我第一次看到使用两个以上亲本的算法。

简而言之，程序员可以通过多种方式实现交叉。第3章将重点介绍其中的一些应用。

2.3.1 拼接交叉

数值的解数组和分类值的解数组都使用拼接交叉。它的工作方式是取两个亲本并生两个孩子[①]。根据两个剪切点拆分亲本对象，这个拆分为每个亲本对象生成3个子数组，随后将它们拼接在一起以生成两个孩子。每个孩子从一个亲本那里得到一个子数组，从另一个亲本那里得到两个子数组。你可以在图2-2中看到这个拆分。

该程序选择两个随机剪切点，如图2-2所示。程序随机选择第一个剪切点。第一个剪切点加上剪切长度，将得到第二个剪切点。剪切长度是一种训练设置，它定义了中间剪切部分的长度，并且在演化算法中保持不变。

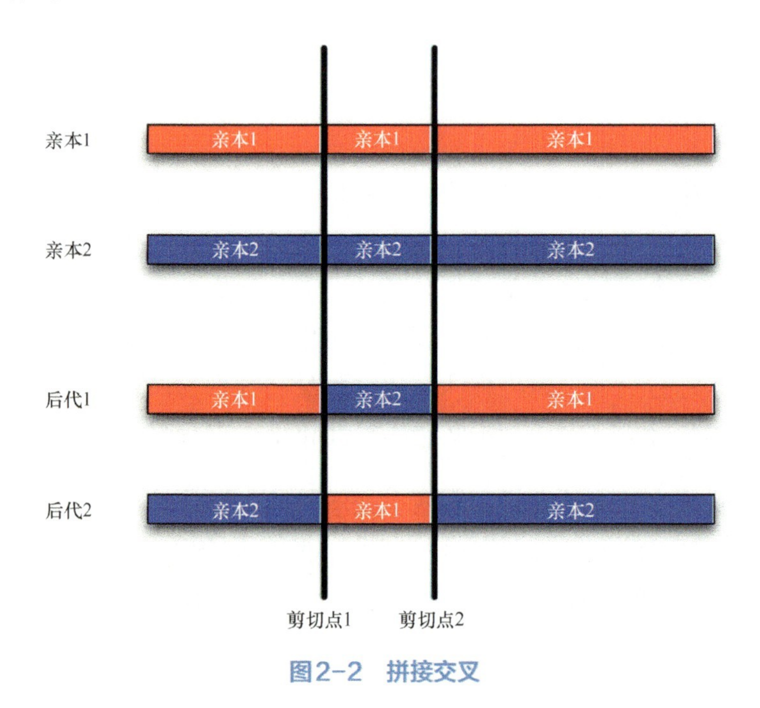

图2-2 拼接交叉

① Mitchell，1998。

现在，我们将说明如何用拼接交叉处理实际的数组。考虑两个亲本，分别标记为亲本1和亲本2：

```
亲本1: [1, 2, 3, 4, 5, 6, 7, 8, 9, 10]
亲本2: [10, 9, 8, 7, 6, 5, 4, 3, 2, 1]
```

如果剪切点位于第3个元素和第9个元素之后，拼接交叉会从上面列出的亲本中产生两个后代：

```
后代1: [1, 2, 3, 7, 6, 5, 4, 3, 2, 10]
后代2: [10, 9, 8, 4, 5, 6, 7, 8, 9, 1]
```

如你所见，两个后代都包含来自每个亲本的元素。你可能还注意到，亲本1和亲本2在各自的数组中没有重复的数字。由于两个后代从亲本双方那里随机获得了拼接，因此这一过程向孩子引入了重复的数字。此外，完整的数字集不再存在于任何一个孩子中。如果你尝试优化一系列对象的顺序，那么这个结果可能不是问题。但是，这些重复可能会导致解出现问题。

在2.3.2节中，你会看到无重复版本的拼接交叉的示范。清单2-1展示的伪代码实现了允许重复的拼接交叉。

清单2-1　拼接交叉（有重复版本）

```
sub slice_crossover(parent1, parent2, cut_length):
  # Allocate two child arrays.Same length.
  offspring1 = alloc(len(parent1))
  offspring2 = alloc(len(parent1))
  # The array must be cut at two positions, determine them.
  cutpoint1 = int(random_uniform(len(parent1) - cut_length))
  cutpoint2 = cutpoint1 + cut_length

  # Handle the middle section.
  for i from 0 to len(parent1) - 1:
    if (i >= cutpoint1) and (i < cutpoint2):
      offspring1[i] = parent2[i]
```

```
      offspring2[i] = parent1[i]
  # Handle outer sections.
  for i from 0 to len(parent1) - 1:
    if (i < cutpoint1) or (i >= cutpoint2):

    offspring1[i] = parent1[i]
    offspring2[i] = parent2[i]

  #Return the two children as an array.
  return [offspring1, offspring2]
```

2.3.2 无重复拼接交叉

执行交叉操作时不允许在孩子中有任何重复数据，这可能很重要。但是，这个考虑不适用于改组突变算子。因为改组突变算子用于单个亲本，所以该算子不会引入任何原来不存在的重复。

```
亲本1: [1, 2, 3, 4, 5, 6, 7, 8, 9, 10]
亲本2: [10, 9, 8, 7, 6, 5, 4, 3, 2, 1]
```

使用元素1和元素7之后的剪切点时，这个拼接会导致以下两个后代：

```
后代1: [1, 9, 8, 7, 6, 5, 4, 2, 3, 10]
后代2: [10, 2, 3, 4, 5, 6, 7, 9, 8, 1]
```

如你所见，后代中不含重复元素。此外，每个后代仍然拥有来自亲本双方的完整数字。清单2-2的伪代码创建了一个无重复的拼接交叉。

清单2-2：拼接交叉（无重复版）

```
# Find unused elements in a list, and mark them used.
sub find_unused(source, used):
  for x in source:
    if not x in used:
      used[x] = 1
```

```
      return x
    # Should not happen, we ran out of elements.
    return -1
sub slice_crossover_nr(parent1, parent2, cut_length):
  # Allocate two child arrays. Same length.
  offspring1 = alloc(len(parent1))
  offspring2 = alloc(len(parent1))

  # Two maps to hold already used list
  used1 = {}
  used2 = {}

  # The array must be cut at two positions, determine them.
  cutpoint1 = int(random_uniform(len(parent1) - cut_length))
  cutpoint2 = cutpoint1 + cut_length;

  # Handle the middle section.
  for i from 0 to len(parent1) - 1:
    if (i >= cutpoint1) and (i < cutpoint2):
      offspring1[i] = parent2[i]
      offspring2[i] = parent1[i]
      used[offspring1[i]] = 1
      used[offspring2[i]] = 1
  # Handle outer sections.
  for i from 0 to len(parent1) - 1:
    if (i < cutpoint1) or (i >= cutpoint2):
      offspring1[i] = find_unused(parent1, used1)
      offspring2[i] = find_unused(parent2, used2)
  # Return the two children as an array.
  return [offspring1, offspring1]
```

这段代码与重复版非常相似，主要区别在于添加了函数find_unused，以及两个映射或字典，其中包含每个孩子使用的元素列表。

2.3.3 其他突变和交叉策略

本章提供的算法假定数组长度是固定的。这个特性是一种便利，而不是演化算法的要求。如果要使用不同长度的数组，则必须实现自己的

交叉和突变算子。但是，你需要在执行这些操作时，保持解的完整性。

对于具有不同长度的解数组，突变往往是较容易的操作。由于突变是无性的，因此你不必担心如何管理两个不同长度的解。要实现突变，你只需要设计突变算子，使其可以处理可变长度的数组。

在处理不同的解数组长度时，交叉变得更加复杂。在大小为10的数组与大小为10 000的另一种解之间进行交叉时，要产生可行的后代数组可能非常困难。生物学也有这个问题，例如，在鲸和浮游生物之间繁殖可能的后代也是困难的。第5章将介绍一些技术，以防止不兼容的个体尝试交叉。

NEAT、HyperNEAT和HyperNEAT ES都是可变长度模型的示例，它们仍然可以执行交叉操作[①]。NEAT变体使用物种形成来完成交叉。此外，它们采用一个创新表来允许在不同长度的解数组的公共部分之间进行映射。遗传编程利用树来编码解，最终，剪切和嫁接树的一些部分，使交叉得以完成[②]。

2.4 突变

演化算法中的突变与生物学的突变概念有很大不同。生物突变是生物体DNA序列的变化，可能有益也可能有害，它通常是由辐射或化学反应引起的。演化算法中的突变是无性繁殖。换言之，突变是仅基于一个亲本的特征来创造一个孩子的方式。

突变使潜在解可以在下一代中产生一个稍微优化的孩子。由于潜在解可能已经是最优的，所以它只能从亲本那里得到一点优化。这些

① Stanley，2009。
② Koza，1992。

对孩子的改变都是突变，它们通常是随机的。这不同于自然界，即现有生物发生突变的地方。对于演化的生物，突变只是繁殖的一种形式。

演化算法中能同时复制有性（交叉）和无性（突变）的个体非常普遍。自然界中的许多生物也可以进行有性繁殖和无性繁殖，包括蚜虫、黏菌、海葵和许多植物。这些生物只有一个亲本时，突变是后代与亲本发生差异的唯一途径。

交叉和突变都是演化算法的重要组成部分。交叉重组了最优解的特征，但是，交叉不能带来新的特征。突变是将全新特征引入潜在解的过程。交叉和突变一起使用，可以发现新特征，然后将其制作成新的解。

接下来，我们将研究受大自然启发的算法实现突变的方式。如前所述，选择突变算法时，必须考虑解数组是数值的还是分类值的。但是，如果你的解数组既是数值的又是分类值的，则可能需要创建自己的突变算子，该突变算子是下一部分介绍的算法的混合体。我们要研究的第一个混合体是改组突变（shuffle mutation）。

2.4.1 改组突变

改组突变既可用于分类值的解数组，也可用于数值的解数组。尽管改组突变具有足够的灵活性，可以用于任何一种求解数组类型，但很少用于数值的解数组[①]，因为改组突变只是改变解数组的顺序，而不会更改数组中的实际值。要理解这个想法，我们可以假设有一个亲本解数组，其值的范围是 1 ～ 5。

```
亲本： [1, 2, 3, 4, 5]
```

① Mitchell，1998。

改组突变通常的工作方式，是对两个数组部分执行一次或多次随机互换。改组突变后，上述亲本可能会产生以下后代：

```
后代：[1, 5, 3, 4, 2]
```

从上面的后代中可以看到，我们互换了第2个和第5个数值的位置。如果解数组很大，则可能需要多次互换位置。但是，你不会希望互换它们太多次，因为后代必须与亲本有些相似，否则，你就是在随机寻找更好的解。另一个重要的考虑因素是，突变操作不会改变亲本。实际上，突变的唯一目的是创建后代。

清单2-3展示了改组突变的伪代码。

清单2-3　改组突变

```
# Shuffle mutate the specified parent "flips" number of times.
sub shuffle_mutate(parent,flips)
  # Create the offspring
  offspring = clone(parent)
  # Perform the requested number of flips
  for i from 1 to flips:
    # Perform the flip, convert random num to an int
    index1 = int(random_uniform(0, len(parent) - 1))
    index2 = -1
    # Choose a second index that is different than the first.
    # We do not want to swap the same index.
    while index2 == -1 or index1 == index2:

      index2 = int(random_uniform(0, len(parent) - 1))

    # Perform the swap.
    temp = offspring[index1]
    offspring[index1] = offspring[index2]
    offspring[index2] = temp
  return offspring
```

从这段代码中可以看到，我们只需选择两个元素并将它们互换即可。

但是，我们必须确保两个索引不相同。如果我们不执行这种检查，则孩子常常会是亲本的精确复制。因为复制不是突变的目的，所以应避免交换相同的索引。

上述函数不能保证多次互换是唯一的。使用两次互换可能会导致复制。例如，第一次互换可能会选择互换索引#3和#5。如果第二次互换也选择了相同的索引，则第2次互换将抵消第1次互换。因此，由这些互换产生的孩子与亲本相同。对于寻找高分的算法来说，我发现额外的检查不会带来任何明显的好处。因此，我通常只使用一次互换。亲本复制的问题不值得解决，因为那会导致跟踪每次互换的额外内存和复杂性。

2.4.2 扰动突变

扰动突变与数值的解数组能很好地兼容，但与分类值的解数组完全不兼容。扰动突变是通过随机增加或减少数组中的每个数值来实现的。我们为扰动突变提供了一个配置变量，以指定要应用于每个数组成员的随机程度[①]。

考虑以下亲本解：

```
亲本： [1.0, 2.0, 3.0, 4.0, 5.0]
```

让上述亲本通过扰动突变，可能会产生以下后代：

```
后代： [1.0421760973088268,
        1.8180609054044645,
        2.985473376997353,
        4.235569162430029,
        4.87239116615422]
```

① Mitchell，1998。

正如你在这里所看到的，我们为每个数字添加了随机数量的噪声，因为来自亲本的基本序列仍然很明显。每个数字以相对较小的随机量增加或减少。清单2-4展示了实现扰动突变的伪代码。

清单2-4 扰动突变

```
sub perturb_mutate(parent, perturb_amount):
  # Copy the parent to the child.
  child = clone(parent)

  # Loop over and mutate each element in the child.
  for i from 0 to len(parent) - 1:
    value = parent[i]
    # Mutate by an amount that is proportional to the value
    # in the parent.
    delta = value *
      random_uniform(-perturb_amount, perturb_amount)
    child[i] = child[i] + delta

  return child
```

清单2-4中的伪代码展示了该过程。首先，将亲本复制到孩子。然后，将孩子中的每个元素突变一个量，即用当前值乘以一个随机百分比，该百分比在−perturb_amount ～ perturb_amount的范围。确保考虑到数组的当前值，以免应用不成比例的值，如太大或太小。例如，如果我们使用0.5的perturb_amount，并且数组元素的当前值为10，则我们将生成−0.5 ～ 0.5的随机数。该随机数将乘以当前值10，得到一个−5 ～ 5的值。将该数字加到值10，意味着该孩子最终可能会处于5 ～ 15。

扰动突变有许多不同的实现。其他一些变化包括：

- 扰动使用一个范围作为训练设置，该范围等于带有标准差的正态分布；
- 提供扰动每个元素的概率，而不是扰动每个元素；

- 随机选择一个数组元素并仅扰动该元素。

通常，我使用清单2-4中的伪代码提供的扰动系统。根据数组值的当前值来缩放，这在以后的训练中非常有用，随着我们理想地接近最优解，对数组的更改会变得更小。

2.5 为什么需要精英

精英是一种配置设置，用于指定应将种群中多少个获得最佳分数的成员直接传递给下一代。精英可防止最佳分数倒退。现在我将展示一个例子，说明如果没有精英会发生什么事，其中种群最佳分数世代#100和世代#101之间下降，如图2-3所示。

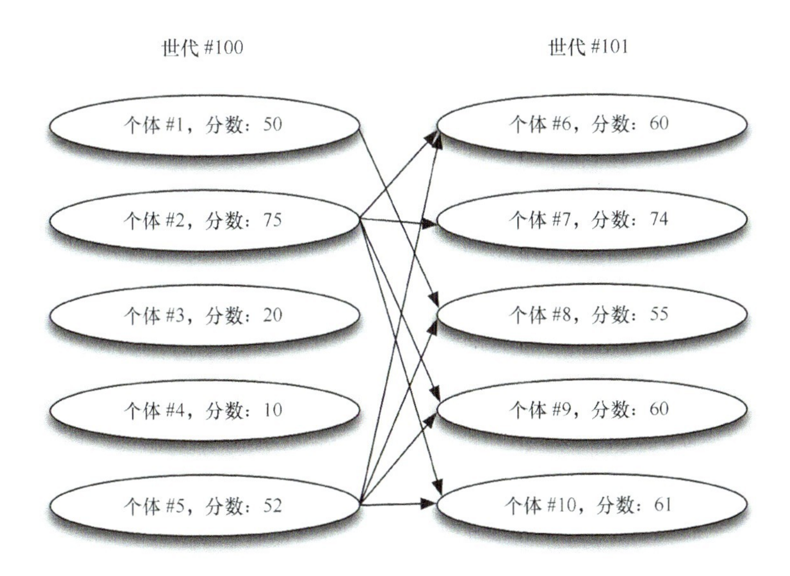

图2-3　没有精英，分数下降

从图2-3可以看到，我们包含了世代#100到世代#101。在这个过程中，我们可以观察到一些发展。选择算法没有选择个体#3和个体

#4进行突变或交叉。因此，个体#3和个体#4没有为下一代做出贡献，它们的低分很可能是它们被遗漏的原因。个体#2证明演化算法中通常不存在一夫一妻制。它与几个不同的个体交配，并在世代#101中产生了多个后代。

不幸地是，尽管世代#100进行了所有有性和无性的生殖，但没有任何一个孩子的得分能超过个体#2的得分。新的种群最高得分是74分。如果从一开始就将个体#2复制到下一代，那么可以防止这种不良的结果，精英就是进行这种复制的动作。

2.6 本章小结

本章介绍了3个基本的演化算子：交叉、突变和精英。这是为下一代添加新成员的方法。其中，精英本质上为下一代复制了一个得分高的个体。无性突变产生了一种新生物，它是亲本的轻微改变。交叉利用性繁殖来创造具有亲本特征的后代。

你可以通过多种方式实现交叉和突变。选择算法时，需要考虑解数组的长度。如果它是变量，则必须实现交叉和突变的专用版本。你还必须确定解数组的值是数值，还是分类值，还是两者的混合。

本书前两章介绍了演化算法的基础。第1章介绍了算法如何创建、计分和选择种群。本章介绍了如何利用得分高的个体来创建新的种群个体。第3章将向你展示如何将所有这些概念放在一起，创建实际的演化算法。

第3章 遗传算法

本章要点：

- 离散问题；
- 旅行商问题；
- 连续性问题。

本书的前两章从某种抽象意义上定义了演化算法。计分、选择、种群、交叉和突变都是演化算法的重要特点，但是我们尚未将所有这些特点整合到一个具体算法中。

遗传算法是一种特殊的演化算法，但是在描述遗传算法的文献中，其定义各不相同。本书将遗传算法定义为一种可以用交叉和突变算子优化固定长度向量的演化算法。计分函数可以区分优劣方案，以优化该固定长度的向量。这个定义说明了遗传算法的本质。

此外，可以将可选特征添加到遗传算法中，以增强其性能。例如物种形成、精英和其他选择方法之类的技术，有时可以改善遗传算法的运行效果。

3.1 离散问题的遗传算法

与其他算法相似，针对连续学习和离散学习，遗传算法采用略

有不同的方法。连续学习涉及计算数值，而离散学习涉及识别非数值。本节将展示如何将离散学习和连续学习应用于以下两个经典的AI问题：

- 旅行商问题；
- 鸢尾花物种建模。

对于旅行商问题，我们将展示如何将遗传算法应用于离散学习的组合问题，目标是找到最佳的城市序列。同时，我们将拟合RBF神经网络的权重以识别鸢尾花种类，这将作为连续问题的遗传算法示例，即对数字权重进行调整。

3.1.1 旅行商问题

旅行商问题（Traveling Salesman Problem，TSP）涉及为旅行商确定最短路径。旅行商必须访问一定数量的城市，尽管他可以从任何城市开始和结束，但他只能访问每个城市一次。TSP有多个变体，其中一些变体允许多次访问每个城市，或为每个城市分配不同的值。本章中的TSP只是寻求一条尽可能短的路线，每个城市访问一次。图3-1展示了这里介绍的TSP和最短路径。

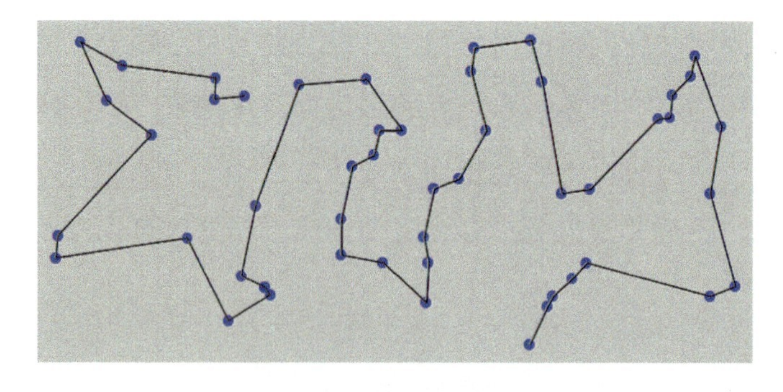

图3-1 旅行商问题

对于普通的迭代程序而言，找到最短的路径似乎很容易。但是，随着城市数量的增加，可能的组合数量也会急剧增加。如果问题有一个或两个城市，则只能选择一条路径；如果包括3个城市，则可能的路径将增加到6个。以下列表展示了路径数量增长的速度：

```
1 个城市有 1 条路径
2 个城市有 2 条路径
3 个城市有 6 条路径
4 个城市有 24 条路径
5 个城市有 120 条路径
6 个城市有 720 条路径
7 个城市有 5 040 条路径
8 个城市有 40 320 条路径
9 个城市有 362 880 条路径
10 个城市有 3 628 800 条路径
11 个城市有 39 916 800 条路径
12 个城市有 479 001 600 条路径
13 个城市有 6 227 020 800 条路径
……
50 个城市有 3.041 × 10^64 条路径
```

在上表中，用于计算总路径条数的公式是阶乘。使用阶乘运算符!作用于城市数n。某个任意值n的阶乘由$n \times (n-1) \times (n-2) \times \cdots \times 3 \times 2 \times 1$给出。当程序必须执行蛮力搜索时，这些值会变得非常大。TSP是“非确定性多项式时间”（non-deterministic polynomialtime，NP）难题的一个例子。“NP困难”（NP-hard）被非正式地定义为“一系列不能用暴力搜索法求解的问题”。当超过10个城市时，TSP满足这个定义。NP困难的正式定义可以在*Computers and Intractability: A Guide to the Theory of NP-Completeness*[①]一书中找到。

动态编程是解决TSP的另一种常用方法，如图3-2的漫画所示。

尽管本书没有全面讨论动态编程，但了解其基本功能还是很有价值的。动态编程将TSP之类的大问题分解为较小的问题，这项工作可

① Garey, 1979。

以被许多较小的程序复用，从而减少蛮力解所需的迭代次数。

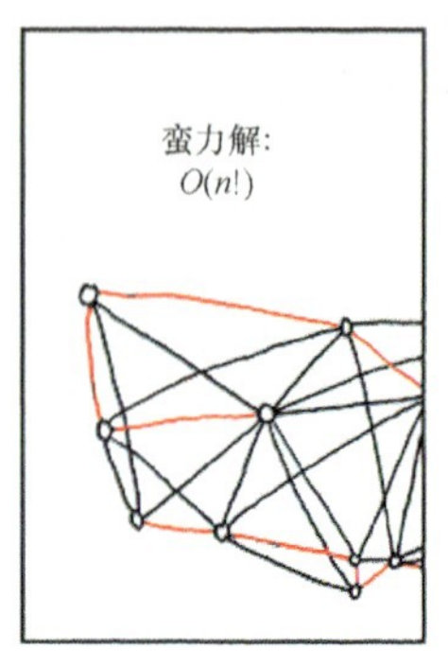

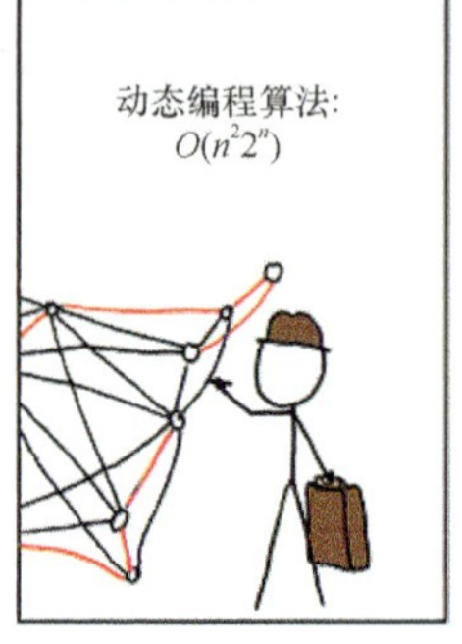

图3-2　解决TSP的方法（来自xkcd网站）

与蛮力解和动态编程不同，遗传算法不能保证找到最优解。尽管它将找到一个很好的解，但分数可能不是最好的。在3.1.2节中讨论的示例程序，将展示遗传算法如何在短短几分钟内为50个城市的TSP产生可接受的解①。

 3.1.2　为旅行商问题设计遗传算法

TSP是最著名的计算机科学问题之一。由于传统的迭代算法通常无法解决NP困难问题，因此程序员必须使用遗传算法来生成潜在解。因此，我们将研究如何将遗传算法应用于TSP。

离散遗传算法决定了你要使用的交叉和突变算子的类型。由于离散问题是分类问题，因此你无须处理数值。所以，你可能访问的城市就是TSP中的分类信息。按照访问顺序，城市列表是每个解的基因组。下面展示了如何表达TSP基因组：

［洛杉矶，芝加哥，纽约］

① Behzad，2002。

你的初始种群将是这些城市的随机排列。例如，初始随机种群可能类似于以下列表：

```
[ 洛杉矶 , 芝加哥 , 纽约 ]
[ 芝加哥 , 洛杉矶 , 纽约 ]
[ 纽约 , 洛杉矶 , 芝加哥 ]
```

你可以计算在每条路径上行驶的英里（1英里=1 609.344米）数，从而为上述城市创建一个计分函数。考虑第一个种群成员。根据Google Maps的驾驶导航，洛杉矶至芝加哥为2 016英里，芝加哥至纽约为790英里。因此，第一个种群成员覆盖的整个距离为2 806英里。距离是我们要最小化的分数。以上3个种群成员及其分数显示如下。

```
[ 洛杉矶 , 芝加哥 , 纽约 ] -> 分数 : 2 016 + 790 = 2 806
[ 芝加哥 , 洛杉矶 , 纽约 ] -> 分数 : 2 016 + 2 776 = 4 792
[ 纽约 , 洛杉矶 , 芝加哥 ] -> 分数 : 2 776 + 2 016 = 4 792
```

如你所见，最后两条路径的分数相同，因为旅行商可以从任何城市开始，所以最后两条路径产生相同的距离。旅行商问题的某些变体可以固定起点和终点城市。作为旅行商的家乡，起点和终点是相同的。其他变体让旅行商可以多次访问同一座城市。简而言之，如何定义旅行商问题的规则将决定如何实现计算机程序。

考虑一下这种情况：旅行商总是从同一城市（即他的家乡）开始，并最终返回这里。在这个例子中，家乡城市是密苏里州的圣路易斯。此外，分数将是两个城市间最便宜机票的价格。由于基因组仍将由洛杉矶、芝加哥和纽约的排列组成，因此圣路易斯没有必要出现在基因组的开始和结尾。这样可以防止算法将圣路易斯更改为不是路径的起点或终点。换言之，计分函数隐式地将圣路易斯作为路径的起点和终点，并对其进行适当的处理。检查第一个种群成员，如下所示。

```
[ 洛杉矶 , 芝加哥 , 纽约 ]
```

该示例包括以下旅程。

```
圣路易斯至洛杉矶 -> 费用 : $393
洛杉矶至芝加哥 -> 费用 : $452
芝加哥至纽约 -> 费用 : $248
纽约至圣路易斯 -> 费用 : $295
总计 : $1388
```

对问题的微小改动带来了很大的复杂性。由于圣路易斯位于美国中部，旅行商无法再从东到西或从西到东走一条简单的路。此外，机票价格不可互换，因为从芝加哥到圣路易斯的票价不一定与从圣路易斯到芝加哥的票价相同。旅行当天机票价格的变化使这个问题更加复杂。因此，基因组可以包括开始和结束日期。这样，遗传算法可以优化出行计划和城市顺序。

你还可以创建算法，以允许旅行商多次访问同一座城市，但是，这个要求增大了计分函数的复杂性。如果你放宽要求，让旅行商可以多次访问同一座城市，则最佳分数可能来自以下解：

```
[ 芝加哥 , 芝加哥 , 芝加哥 ]
```

上述解的分数十分理想。该算法选择了从圣路易斯到最便宜的目的地芝加哥的路径。然后，算法再次选择芝加哥作为第2和第3站。因为从芝加哥到芝加哥的机票是0美元，所以这次旅行的分数非常好。显然，在这种情况下，该算法没有为程序员做任何额外的工作。因此，计分函数需要更复杂才能传达真正最优解的参数。也许有些城市更有价值，需要拜访，而另一些则是可选的。设计计分函数对于遗传算法编程至关重要。

3.1.3 旅行商问题在遗传算法中的应用

现在，我们将看到一个简单的遗传算法的示例，它用一条好路径穿过一系列城市。50个城市随机放置在256×256网格上。该程序使

用了1 000条路径的种群，来演化出穿过这些城市的最佳路径。因为城市列表是分类值，所以TSP是一个离散的问题。在这个示例中，计分函数计算出一条城市路径所覆盖的总距离，这些城市中的任何一个都不会被访问两次。

这些参数决定了最合适的突变和交叉算子的选择。对于这个示例，改组突变算子是最佳选择。如第2章所述，改组突变算子可与固定长度的分类数据配合使用。同样，我们将使用无重复的拼接交叉算子。两个算子都允许1 000条路径的种群演化，并且无重复的交叉强制实现了我们的要求，即同一城市只被访问一次。

我对该程序进行了数百次迭代，直到连续经过50次迭代而没有出现一次改善最佳路径长度的情况。一次迭代即经过了一个世代。程序的输出在下面列出。

```
Iteration: 1 , Best Path Length = 5308.0
Iteration: 2 , Best Path Length = 5209.0
Iteration: 3 , Best Path Length = 5209.0
Iteration: 4 , Best Path Length = 5209.0
Iteration: 5 , Best Path Length = 5209.0
Iteration: 6 , Best Path Length = 5163.0
Iteration: 7 , Best Path Length = 5163.0
Iteration: 8 , Best Path Length = 5163.0
Iteration: 9 , Best Path Length = 5163.0
Iteration: 10 , Best Path Length = 5163.0
...
Iteration: 260 , Best Path Length = 4449.0
Iteration: 261 , Best Path Length = 4449.0
Iteration: 262 , Best Path Length = 4449.0
Iteration: 263 , Best Path Length = 4449.0
Iteration: 264 , Best Path Length = 4449.0
Iteration: 265 , Best Path Length = 4449.0
Good solution found:
22>1>37>30>11>33>39>24>9>16>40>3>17>49>31>48>46>20>13>47>23>
0>2>29>27>14>34>26>15>7>35>19>21>18>6>28>25>45>8>38>43>32>
41>5>10>4>44>36>12>42
```

如你所见，在程序确定一个解之前，发生了265次迭代。由于城市是随机的，因此它们没有实际名称，而是将城市标记为“1”“2”“3”等。上面显示的最优解从城市22开始，接下来是城市1，最终在城市42停止。你可以在以下网址查看在线的TSP实现：

http://www.heatonresearch.com/aifh/vol2/tsp_genetic.html

3.2 连续问题的遗传算法

程序员还可以利用遗传算法来演化连续的（即数值的）数据。在下面的示例中，我们将基于4个输入测量值来预测鸢尾花的种类。因此，我们的遗传算法将训练一个径向基函数（Radial-Basis Function，RBF）网络模型。

模型是一种算法，它基于输入向量进行预测，这称为预测建模。对于鸢尾花数据集，我们将为RBF网络提供4个描述鸢尾花的测量值。RBF网络将根据这4个测量结果预测鸢尾花种属。它通过训练示例中的150朵花的数据来进行学习预测。该模型可以预测训练集中未包含的新花的种属。

让我们回顾一下如何训练模型。3个主要部分确定了遗传算法如何训练任何模型：

- 训练设置；
- 超参数；
- 参数。

训练设置是遗传算法所独有的，例如种群数量、精英数、交叉算法和突变算法。在本书的后文，我们将学习粒子群优化（PSO）和蚁群优化（ACO），它们是RBF网络模型的训练算法。PSO和ACO的训练设置具有独有的特征。程序员通常会建立训练参数，因此，选择最佳的参数可能需要反复试验。

超参数定义模型的结构。考虑图3-3，该图展示了RBF网络的结构。

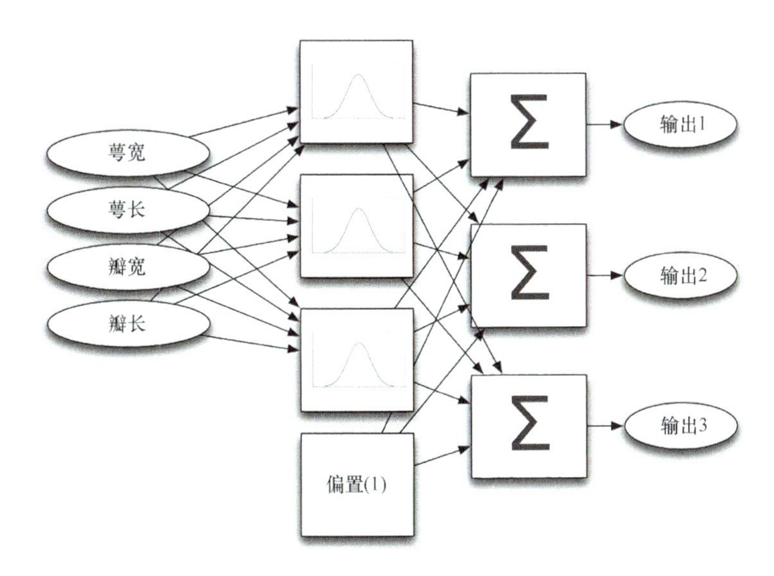

图3-3　以鸢尾花数据集为输入的RBF网络的结构

在图3-3中，第2列显示的是3个具有凸起形状曲线的框，它们是RBF，使RBF网络能够做出预测。这个任务所需的RBF网络的数量是一个超参数，程序员或计算机可以确定该超参数。尽管RBF数量不影响遗传训练，但是如果你正在使用PSO和ACO进行训练，你仍然需要设置RBF数量。不过，你要小心，如果将RBF数量设置得太低，则创建的模型会很简单，以至于无法从信息中学习；如果将RBF数量设置得太高，则创建的网络会很复杂且难以训练，并可能导致过度拟合。这是我们不希望的情况，这时模型开始将数据存储在数据集中，而不是学习更通用的解。第10章将介绍过度拟合及其避免方法。在本章中，我们将RBF数量设置为5，这对于鸢尾花数据集似乎效果很好。我通过试验确定了这个数字。

计算机也可以确定超参数，其中试错法通常是找到超参数的方法。只需在1～10个RBF之间循环，并让计算机尝试每种情况。一旦测试了全部10个RBF，程序就会选择获得最佳分数的模型。该模型将告诉你RBF数量超参数的最佳设置。

最后的组成部分是参数向量。在训练模型时，模型会调整参数向量。这方面与超参数有所不同，因为一旦训练开始，模型就不会调整超参数。实际上，超参数定义了模型，无法更改。对参数向量进行调整是一种训练算法（例如遗传算法、PSO或ACO）教给模型针对给定输入的正确响应的方法。遗传算法利用交叉和突变来调整参数向量。

下面列出的输出展示了使用遗传算法针对鸢尾花数据集训练RBF网络的进度。如你所见，分数在前10次迭代中并没有提高。这些迭代中的每一次迭代代表一代潜在解。分数代表错误分类的150朵鸢尾花的百分比，我们力求让这个分数最小。

```
Iteration #1, Score = 0.1752302452792032, Species Count: 1
Iteration #2, Score = 0.1752302452792032, Species Count: 1
Iteration #3, Score = 0.1752302452792032, Species Count: 1
Iteration #4, Score = 0.1752302452792032, Species Count: 1
Iteration #5, Score = 0.1752302452792032, Species Count: 1
Iteration #6, Score = 0.1752302452792032, Species Count: 1
Iteration #7, Score = 0.1752302452792032, Species Count: 1
Iteration #8, Score = 0.1752302452792032, Species Count: 1
Iteration #9, Score = 0.1752302452792032, Species Count: 1
Iteration #10, Score = 0.1752302452792032, Species Count: 1
...
Iteration #945, Score = 0.05289116605845716, Species Count: 1
Iteration #946, Score = 0.05289116605845716, Species Count: 1
Iteration #947, Score = 0.05289116605845716, Species Count: 1
Iteration #948, Score = 0.051833695704776035, Species Count: 1
Iteration #949, Score = 0.05050776383877834, Species Count: 1
Iteration #950, Score = 0.04932340367757065, Species Count: 1
Final score: 0.04932340367757065
```

```
[- 0.55, 0.24, -0.86, -0.91] -> Iris-setosa, Ideal: Iris-setosa

[-0.66, -0.16, -0.86, -0.91] -> Iris-setosa, Ideal: Iris-setosa
[-0.77, 0. 0, -0.89, -0.91] -> Iris-setosa, Ideal: Iris-setosa
...
[0.22, -0.16, 0.42, 0.58] -> Iris-virginica, Ideal: Iris-virginica
[0.05, 0.16, 0.49, 0.83] -> Iris-virginica, Ideal: Iris-virginica
[-0.11, -0.16, 0.38, 0.41] -> Iris-virginica, Ideal: Iris-
virginica
```

在以上输出中，你可能还看到了物种计数（species count）。由于我们目前不使用物种，因此它保持为1。第5章将介绍物种。

3.3 遗传算法的其他应用

鸢尾花数据集和旅行商问题是人工智能文献中的常见例子。观察各种算法如何解决相同的问题，可以有助于理解它们的差异，检查新问题与遗传算法相符合的方式同样有价值。本节将说明如何让各种问题适应遗传算法。

尽管本书目前未实现这些应用程序，但将来可能会包含它们。以下各小节的主要目的是演示遗传算法在各种情况下的应用。

3.3.1 标签云

标签云是一种方便的工具，可用于可视化文档中的单词频率计数。实际上，一个小的标签云可以代表一个很长的文档中的常用单词，但是，标签云算法通常会从单词数统计中删除结构化单词（例如“the”）。图3-4展示了根据《人工智能算法（卷1）：基础算法》英文版创建的标签云。

图3-4　卷1的标签云

图3-4所示的标签云展示了每个单词出现的频率。你可以轻松地看到，“algorithm”是卷1中最常见的单词。

要创建标签云，必须统计单词数。下面展示了构建图3-4所示标签云的单词计数：

```
341 algorithm
239 training
203 data
201 output
198 random
192 algorithms
169 number
163 input
...
```

单词计数提供每个单词的出现频率，并与其他单词对比。标签云中的单词互相交织，使得单词之间的空白空间最小。在示例中，较小的单词填充了“algorithm”的“h”和“m”下的空白。

创建标签云的第一步是选择一些单词并确定它们的大小。上面的单词计数说明了这个步骤。最有可能的是，你会在标签云中包含文档中大约100个最常见的单词。标签云中的确切字数将根据显示美观度进行调整。单词在文本中出现的次数将决定单词的大小。

消除空白是遗传算法的一项重要应用。x和y坐标、方向指示共同代表了每个单词。其中x和y坐标表明每个单词在显示屏上的位置，方向指示表明单词是水平的还是垂直的。这3个数据项产生的向量长度等于标签云中单词数量的3倍。如果显示100个单词，则向量的长度为300个元素。对于空白和重叠文本，基因组将接受罚分。标签云不应该有重叠的文本。因此，你需要创建类似于以下内容的计分函数：

```
[空白像素数] + ([重叠像素数] × 100)
```

遗传算法应设法最小化这个计分函数。如果文本重叠，则需要增加系数100。

3.3.2 马赛克艺术

艺术生成是遗传算法的另一个非常常见的例子。编写计算机艺术的计分函数非常容易。你需要将源图像与遗传算法创建的图像进行比较；还要为遗传算法提供一组工具，以便它可以生成图像并显示其模拟的创造力。

人类画家的工作方式基本相同。显然，产生图像的最简单方法是用数码相机照相，但是，画家用自己的工具（画笔和颜料）创造了艺术。对于遗传算法，工具是编程语言的图形命令，计分函数只是将原始图像与遗传算法产生的图像进行比较。例如，你可以限制遗传算法，让它仅用少数几种颜色画圆。仅使用程序中允许的元素，遗传算法将通过演化，产生原始照片的最佳渲染效果。通过这种方式，它展示了模拟的创造力。

用遗传算法创建计算机艺术的一个例子是马赛克，它是由较小图

像集合组成的较大图像。主图像包含一个图像网格，较小的图像将放置在每个网格单元中。图3-5展示了一幅马赛克。

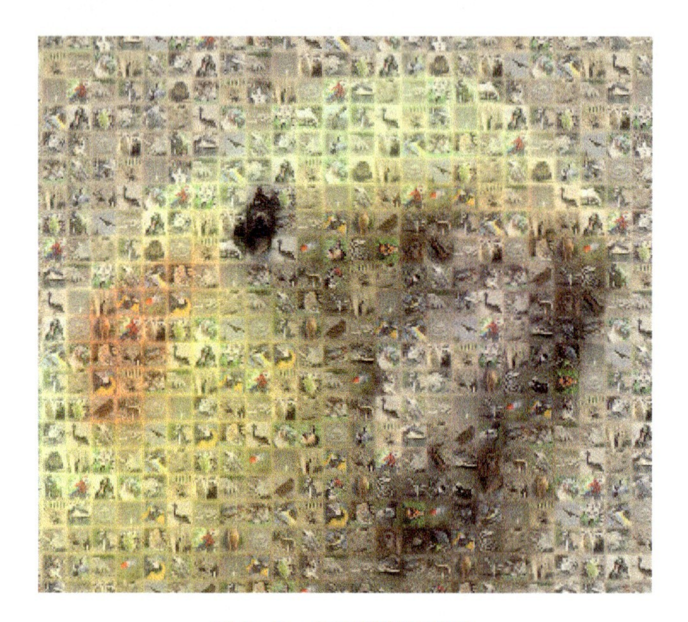

图3-5 玄凤鹦鹉马赛克

图3-5描绘了由动物图像生成的玄凤鹦鹉马赛克。玄凤鹦鹉的图像尺寸为2 048像素 ×2 048像素，每张尺寸为32像素 ×32像素的较小动物图像的网格将构成该马赛克。将这些较小的动物图像的网格覆盖到较大的图像上，则将形成64 × 64的网格。（图3-5经过裁剪，仅展示其中一部分。）选择一组较小的动物图像放入64 × 64的网格中，使得网格在整体上可以最佳地呈现出一只玄凤鹦鹉的样子。

每个基因组都是固定长度的数组，长度等于64 × 64即4 096字节。使用计分函数比较生成的马赛克图像和原始图像之间的差异。一旦得分降到最低，你将拥有与玄凤鹦鹉非常相似的马赛克。

3.4 本章小结

遗传算法利用种群、计分、交叉和突变来解决实际的编程问题。遗传算法是在第1章和第2章中学到的概念的具体实现，这些概念与交叉和突变一起工作，可以为下一代提供更好的解。

遗传算法要求解以固定长度数组表示。这项要求似乎很有局限性，但是许多解都可以用这种方式表示。在本章中，我们还演示了旅行商问题和鸢尾花数据集。另外，我们讨论了遗传算法如何应用于标签云和马赛克艺术。

为了超越定长数组，第4章将介绍如何演化实际的程序。实际上，遗传编程可以将计算机程序表示为树状结构，以便为下一代创建更好的程序。

第4章 遗传编程

本章要点：

- 程序作为树；
- 生成树；
- 树的突变和交叉；
- 拟合公式。

第3章介绍了遗传算法，它与固定长度的解数组一起使用。但是，计算机程序是多才多艺的，可以用不同的方式表示解。在这些可能性中，遗传编程可让你将解编码为演进的解决问题的程序。

然而计算机不能简单地演化一个Python或C#应用程序。遗传编程要求你以非常特定的格式编写程序。结果表明，树可以代表计算机程序。由于这个概念是基础计算机科学概念，因此你可能已经熟悉了这种表示形式。无论你是否熟悉，我们都将在后文回顾树的表示形式。

4.1 程序作为树

数学表达式是计算机程序的基本组成部分。我们从探索将数学表达式表示为树的各种方式开始。你经常会看到一个写成公式4-1的表达式。

$$\sqrt{\frac{3}{4}x^2} - 1 \qquad (4\text{-}1)$$

公式4-1是非常常见且标准化的表示公式的方式。例如，假设x的值为5，你就可以给出答案。如果你是一名程序员，则可能更喜欢将公式4-1编写为程序代码：

```
print(sqrt(0.75 * pow(x, 2)) - 1)
```

pow函数计算第1个参数的第2个参数次幂。

这两种编码的重点是优先级。优先级规则告诉你，如果x为5，则取5的2次幂，得到25。你不会先将5乘以0.75，得出3.75，然后取3.75的2次幂。这是因为指数运算符的优先级高于乘法运算符。上面的代码比公式4-1更好地阐明了这个思想。看着代码，程序员将很容易理解数学运算顺序并在进行下一步之前先求解pow(x,2)，因为函数总是先求值。如果一个函数在另一个函数中调用，则总是先对内部的函数求值。考虑以下代码：

```
print(sqrt(pow(x,2))
```

在这里，程序必须先求函数值pow(x,2)。该结果随后传递给sqrt函数。

函数没有歧义，它们可以独立使用，不需要任何优先级规则。但是，当缺少优先级规则时，运算符就会产生歧义。以下表达式说明了这种歧义性：

```
3 + 5 * 2
```

上述表达式的值是多少？你是先将5乘以2，然后将答案加3，从而确定该值？还是先将3加5，然后乘以2，来获得该值？这两个过程会给你不同的答案。当然，优先级规则决定了乘法先于加法，但是，一旦使用函数而不是运算符，该过程就不存在歧义。毕竟，运算符只是函数的简写。2×3和mult(2,3)没有区别。

考虑仅用函数编写上面的表达式：

```
add(3, mult(5, 2))
```

如果只用函数，就不需要知道任何优先级规则，也不要求分组括号。仅用函数编写公式4-1：

```
print(sub(sqrt(mult(0.75, pow(x, 2))), 1))
```

上面的语句不需要优先级规则，因为顺序是完全明确的。LISP编程语言利用s表达式，以这种方式来表示表达式。上面的代码翻译为LISP的s表达式后是这样的：

```
(- (sqrt(  * 0.75 (expt x 2) ) ) 1 )
```

请注意，LISP用以下形式调用函数：

```
([function_name] arg1 arg2 etc)
```

在LISP中，5 + 6将写成：

```
(+ 5 6)
```

4.1.1 后缀表示法

后缀表示法是表示表达式的另一种方式。它通常称为“逆波兰表示法”（Reverse Polish Notation，RPN）。公式4-1可以表示为以下后缀表示法表达式：

```
0.75 x 2 pow * sqrt 1 -
```

这个表达式可以当成一个栈来处理，从左到右对其各个部分求值，将每个部分压入栈，最初，将0.75压入栈。

```
0.75
```

接下来，将变量x持有的值压入栈。

```
5
0.75
```

按照后缀表达式，再将2压入栈。

```
2
5
0.75
```

因为我们尚未添加函数，所以仍然无法处理栈上的任何内容。但是，一旦将pow（需要两个参数的函数）压入栈，我们就可以从栈中弹出两个参数，并对它们执行pow。这个过程的作用是取5的2次幂，即值25。因此，我们将25压入栈，替换这两个参数。

```
25
0.75
```

接下来，我们将乘法操作码压入栈。因为乘法是一个接受两个参数的函数，所以我们从栈中弹出两个参数，并执行乘法。这个过程的作用是计算0.75乘以25的值，即18.75。现在，我们在栈中只有一个值。

```
18.75
```

再下来，我们将sqrt函数压入栈。sqrt函数接受单个参数，并返回其平方根。从栈中弹出值18.75，我们来计算它的平方根，即4.33。

```
4.33
```

现在我们将值1压入栈。

```
1
4.33
```

最后，我们处理最终的减法运算符，该运算符从4.33中减去1，得到3.33。

```
3.33
```

现在，在栈上有一个值。由于现在我们位于后缀表达式的末尾，因此没有其他值可以加入栈中。我们完成了表达式的计算，答案是3.33。

4.1.2 树表示法

正如你在上文中看到的那样，写出相同的表达式有多种方法。本节将向你展示写上述表达式的另一种方法：树表示法。考虑4.1.1节中的后缀表示法表达式：

```
0.75 x 2 pow * sqrt 1 -
```

图4-1演示了写出树表示法的方式。

如你所见，减法是根节点，即没有父节点的顶级节点。根节点始终是最后执行操作的节点。在执行减法之前，必须先执行所有其他函数。因此，根节点在后缀表示法中总是出现在最后。

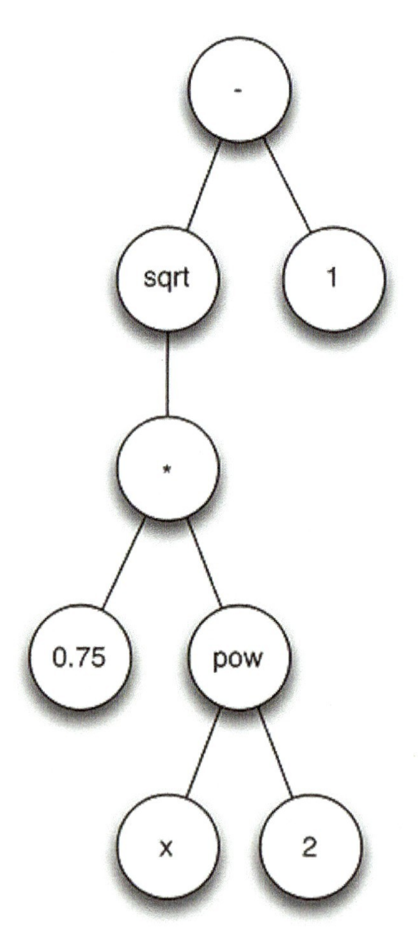

图4-1 树表示法

4.1.3 终端节点和非终端节点

图4-1中的每个圆都是一个具有一定数量连接的节点。节点的类型决定了连接数，例如，乘法总是具有两个连接，即参数。同样，平方根总是只有一个连接。变量（例如x）和常量总是没有连接。

在非常高的层面上，连接的存在与否将节点类型分为两类。当节点没有连接时，就是第一类，称为终端节点，因为在它之后什么也没有。另一类是非终端节点，可以在终端节点上执行操作。例如，非终端节点“加法”将在保存常量5和10的两个终端节点上执行加法运算。这个过程将使“加法”节点的值为15。

大多数遗传编程算法都实现为创建一个常量池[①]。常量池就是遗传算法程序要使用的唯一常量值的固定列表。大多数编程语言利用常量池的方式，先扫描源代码中唯一的常量值，再将其构建为列表。

图4-1中的树具有3个不同的常量：0.75、1和2。当遗传编程算法首次启动时，它将创建一个随机常量池。常量池的大小是遗传算法程序的超参数。但是，该程序永远不会向该池添加新的常量。换言之，池的大小必须足以容纳现有常量。确保池具有多个重要数字，例如0.5、1、2、10和100，这也是一种好习惯。如果你认为解可能需要某些数字常量，也可以添加这些数字。通过加、减、乘、除等运算符的各种组合，这个池将使你的程序能够演化这些额外但必需的常量。

4.1.4 对树求值

递归使得树表示法求值很方便。清单4-1中展示了一个简单的树

① Koza，1992。

求值器。

清单4-1 对树求值

```
sub eval(node)
# First, handle regular opcodes, these are binary (two arguments)
  if node.type == ADD:
    return eval(node.child[0]) + eval(node.child[1])
  elif node.type == SUBTRACT:
    return eval(node.child[0]) - eval(node.child[1])
  elif node.type == DIVIDE:
    return eval(node.child[0]) / eval(node.child[1])
  elif node.type == MULTIPLY:
    return eval(node.child[0]) * eval(node.child[1])
# Now, handle unary(single argument)
  elif node.type == NEGATE:
    return -eval(node.child[0])
  elif node. type == SQRT:
    return sqrt(eval(node.child[0]))
  else
# Now, handle variable and constant opcodes,
# these are terminal(no arguments)
    index = node.type - VAR_CONST
    if index >= len(const_values) + len(var_values):
      throw error("Invalid opcode: " + node.type)
    if index < len(var_values):
      return var_values[index]
    else
      return const_values[index - this.varCount]
```

清单4-1的代码表明，该程序为名为eval的函数提供了一个名为node的变量。此函数将对节点下面的所有分支求值，并返回一个浮点数。如果要对整棵树求值，请将根节点传递给eval。如你所见，eval递归调用自身。例如，如果你针对一个ADD节点调用eval，就会针对两个子节点中的每个子节点调用eval。用于相加的两个操作数是ADD的两个子节点。

每个节点都有一个操作码，告诉节点执行特定函数。操作码表示如加法、减法、除法、乘法、取反（negation）和算术平方根之类的

函数，还表示变量（如x）和常量（如3.5）。

ADD、SUBTRACT、DIVIDE和MULTIPLY等操作码都是二元的，因为它们带有两个参数。NEGATE和SQRT操作码是一元的，因为它们只有一个参数。取反就是一个前置负号，例如$-x$。取反的唯一参数是在负数和正数之间切换的值。

最后，我们对终端节点求值。操作码大于VAR_CONST的任何节点都被视为终端节点，该终端节点没有参数，并表示变量和常量。你可以将表4-1中的所有操作码可视化。

表4-1　简单表达式的典型操作码布局

#	操作码	目的
0	ADD	相加（两个参数）
1	SUBTRACT	相减（两个参数）
2	MULTIPLY	相乘（两个参数）
3	DIVIDE	相除（两个参数）
4	NEGATE	取反（一个参数）
5	SQRT	算术平方根（一个参数）
6	VAR_CONST + 0	第一个变量（如x）
7	VAR_CONST + 1	第二个变量（如y）
8	VAR_CONST + 2	第一个常量（如1）
9	VAR_CONST + 3	第二个常量（如2）
10	VAR_CONST + 4	第三个常量（如0.5）

前面6个操作码处理二元和一元函数，操作码VAR_CONST定义变量和常量的存储位置。表4-1有两个变量（x和y）和3个常量。按照惯例，变量位于常量之前。

术语操作码和节点可以互换使用。节点是包含操作码和所有子节点的树元素；操作码就是一个整数，它定义节点将执行的操作。该操

作将与该节点的子节点一起执行，子节点又包含操作码。

4.1.5 生成树

与其他演化算法一样，遗传编程从一个随机种群开始。这个过程就是生成一些随机个体，其数量等于所需的种群计数。你可以用几种流行的算法来产生随机个体。本书后文将讨论这些算法。

此外，一些训练设置和超参数会影响种群的创建方式。

- 种群规模：固定的种群大小。初始种群将是这个规模。
- 常量池大小：可用的常量操作码的数量。
- 低常量池范围：常量池成员生成的范围的低端。
- 高常量池范围：常量池成员生成的范围的高端。
- 最大深度：随机树可以达到的最大深度。
- 树初始化算法：生成随机树的初始种群的方法。

问题定义中还包含一个变量计数。对于仅使用x的简单公式，变量计数为1。对于鸢尾花数据集，变量计数为4，以匹配鸢尾花测量值。

常量池大小和常量池范围均被视为超参数，因为它们定义了模型的性质。在训练时不能更改常量池的这些值，因为这种更改会影响模型计算所需的数值。

最大深度和树初始化算法都是训练设置。这些值仅影响种群中初始树的节点结构。换言之，该程序不会在训练和最初的种群生成之外使用它们。

大多数树初始化算法都是从创建根节点开始的，然后将一些节点添加到根节点。为了完成这个过程，首先需要选择一个根节点类型。我们可以从如下不同的操作码集合中选择一个随机节点。

- 所有节点类型：这个集合包括所有可用的操作码，无论它们是函数、变量还是常量。
- 函数节点：这个集合包含所有函数操作码。如果操作码有子节点，那么它属于这个集合。
- 终端节点：这个集合包含变量和常量操作码。如果操作码没有子节点，那么它属于这个集合。

不同的种群初始化算法将使用这3个集合。

4.1.6 满树初始化

最早用于遗传编程的初始化算法之一是满树初始化算法[①]。清单4-2展示了用于满树初始化的伪代码。

清单4-2 使用满树初始化算法生成种群

```
# Recursive full function.  If we still have
# remaining depth, then generate a function node
# and continue recursive descent to children.
sub full_node(remaining_depth):
  # If there is still depth, create a function.
  # Functions have children and will continue.

  if remaining_depth > 0:
    this_node = choose_function_node( )
  else:
  # If no depth remains, then create a terminal node.
  # Terminal nodes have no children, and will stop.
    this_node = choose_terminal_node( )

  # Generate the required number of children.
  # This is zero for terminal nodes.
  for i from 1 to this_node.needed_children
    this_node.add(full_node(remaining_depth - 1))
```

① Koza，1992。

```
# Generate a full population.
sub full_population(population_size, max_depth):
  population = new Population( )

  for i from 1 to population_size:
    population.add(full_node(max_depth))

  return population
```

如你所见，清单4-2的代码使用递归创建树。图4-2展示了如何初始化满树。

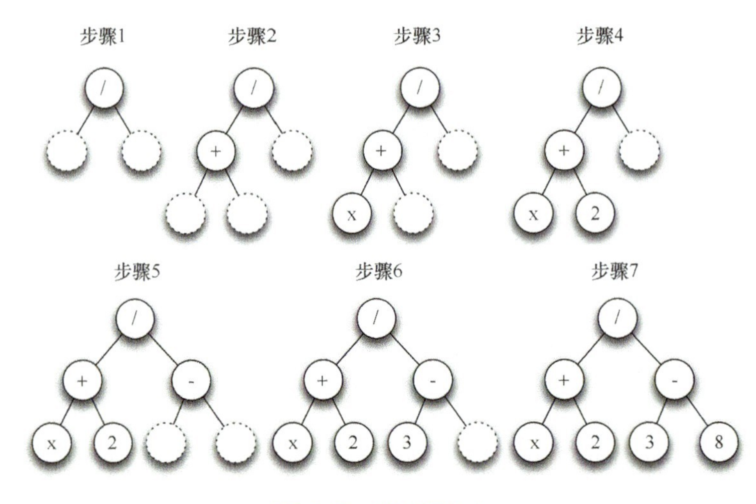

图4-2 满树初始化

我们将树的最大深度指定为2。由步骤7可以看到，此树的深度为2。这是因为终端节点和根节点之间存在2条边（线）。

步骤1从生成根节点开始。我们尚未到达最后一层，因此我们为根选择一个随机的函数节点。因为我们选择了除法操作码，所以现在有两个子节点要填充。

步骤2为根节点的第一个子节点选择一个随机的函数。这里选择的是一个加法操作码。因为我们还没有达到最大深度，所以选择另一

个随机的函数操作码。现在，我们还有两个子节点要填充。

对于步骤3，我们现在填充加法操作码的第一个子节点。由于这个子节点处于最大深度，因此我们选择一个随机的终端操作码，这将阻止树变得更深。步骤4对加法操作码的第二个子节点执行类似的操作。现在，树已部分填充到终端节点。其余步骤以类似方式继续。

4.1.7 生长树初始化

为遗传编程开发的另一种早期初始化算法是生长树初始化算法[①]。清单4-3展示了它的伪代码。

清单4-3 使用生长树初始化算法生成种群

```
# Recursive grow function. If we still have
# remaining depth, then generate a function node
# and continue recursive descent to children.
sub grow_node(remaining_depth):
  # If there is still depth, create a node.
  # Functions have children and will continue.
  if remaining_depth > 0:
    this_node = choose_node( )
  else:
  # If no depth remains, then create a terminal node.
  # Terminal nodes have no children, and will stop.
    this_node = choose_terminal_node( )

  # Generate the required number of children.
  # This is zero for terminal nodes.
  for i from 1 to this_node.needed_children:
    this_node.add(full_node(remaining_depth-1))
# Generate a grow population.
sub grow_population(population_size, max_depth):
  population = new Population( )
```

① Koza，1992。

```
for i from 1 to population_size:
  population.add(grow_node(max_depth))

return population
```

如你所见，清单4-3的代码使用递归创建树。图4-3展示了如何初始化生长树。

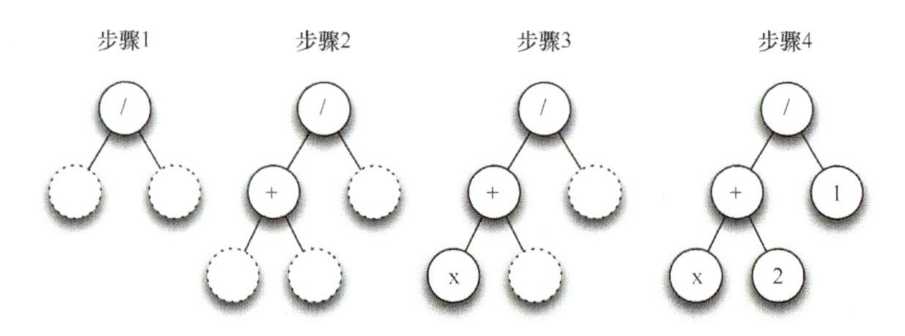

图4-3　生长树初始化

生长树算法的工作原理与满树算法非常相似。主要区别在于，生长树算法在达到最终层级之前不要求节点是函数操作码。步骤1从选择根节点开始，该根节点由整个操作码集确定。这个算法恰好选择了除法操作码。如果该算法为根节点选择了一个终端节点，那么这棵树就完成了，并且只有一个节点。

步骤2从填充除法节点的两个子节点之一开始。该程序可以从整个节点集中选择两个子节点。此处为第一个子节点选择了加法函数。步骤3和步骤4展示了树的其余部分是如何完成的。步骤4挑出一个终端节点1作为除法操作码的第二个子节点。这个选择使树看起来是不平衡的。

4.1.8　混合初始化

生长树算法和满树算法提供的形状和深度都不够丰富，因此，Koza

提出了一种组合，称为“混合”(ramped half-and-half)初始化算法，该算法使用满树创建初始填充的一半，使用生长树构建另一半。另外，它使用一个最大深度范围，相对固定的最大深度，该范围提供的树大小变化更多。清单4-4展示了经过改进的混合算法。

清单4-4　使用混合算法生成种群

```
# Generate a ramped half-and-half population.
sub grow_population(population_size, min_depth ,max_depth):
  population = new Population( )

  for i from 1 to population_size:
    # Generate a random depth.
    depth = random_uniform(min_depth, max_depth + 1)

    # Use either grow or full with 0.5 likelihood.
    if random_uniform( ) > 0.5:
      population.add(grow_node(depth))
    else:
      population.add(full_node(depth))
  return population
```

清单4-4的代码利用了本章前面讨论的full_node函数和grow_node函数。混合算法以50%的概率在满树和生长树之间进行选择。另外，该算法在min_depth和max_depth训练参数之间选择随机树深度。

4.1.9　蓄水池采样

第3章介绍了固定长度数组的交叉和突变算子。在探索树的交叉和突变之前，我们必须学习如何从树中随机选择一个节点。固定数组的交叉和突变都需要一种选择数组中随机元素的方法。定长数组的长度在定义上是已知的：“定”长即表示长度是固“定”的。只需选择一个随机数，例如数组长度为10，则选择0～9的一个随机数。该随

机数指定你刚刚选择的随机数组元素，假设数组从索引0开始。

虽然从树中挑选随机数组元素要困难得多，但是你可以通过多种方式执行这个操作。一种简单但效率低下的方法是计算树的大小，即存在的节点数。但是，程序本身并不知道这个数字，而且也不能保证树大小相同。因此，在计算机科学中出现了一个普遍的问题：为了确定树的大小，算法必须访问树的每个节点并计算节点数。

访问每个节点就是树遍历。存在几种算法，用于节点顺序不同的遍历。因为我们只是在计算节点数，所以顺序不是必需的。算法选择也不重要。因此，我们将选择一种简单但有效的遍历算法。先序树遍历算法是进行节点计数的不错选择。

该算法是递归的，步骤如下：

- 访问根节点；
- 遍历子树，从左侧开始；
- 将节点计数增加1。

清单4-5展示了先序树遍历的伪代码实现。

清单4-5　先序树遍历

```
sub count_nodes(node):
  total_count = 1

  for child in node.children:
    total_count = total_count + count_nodes(child)

  return total_count
```

清单4-5的代码返回向该函数传入的任何节点的子节点数。如果对根节点执行这段代码，将获得整棵树的节点数。对根节点执行该算法时，你可以看到它针对根节点的每个子节点调用自身。这个过程一直

持续到访问完开始节点以下的所有子节点为止。图4-4展示了这种遍历的过程。

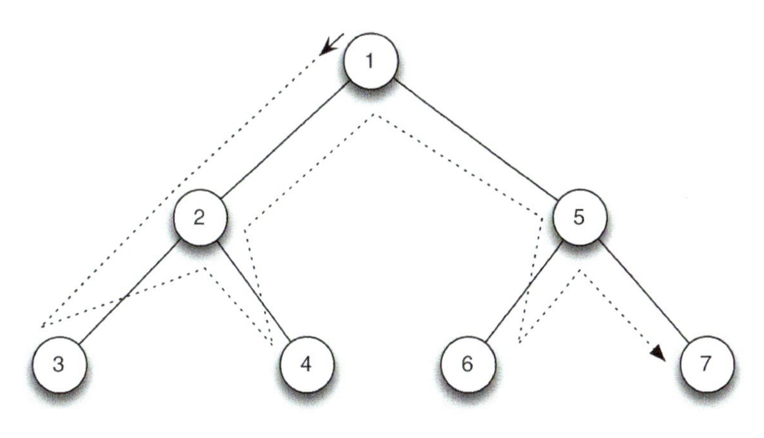

图4-4　先序树遍历

一旦算法有了树的大小，就可以选择一个随机数（随机数的范围为0至比树的节点数小1），以确定所需的树节点。现在，我们再次遍历该树，并在遍历数量等于该随机数的节点后停止。尽管这种节点选择方法有效，但效率很低，因为我们必须遍历树两次。不过，第二次遍历可能不是完整遍历。

蓄水池采样（reservoir sampling）[①]是一种算法，它允许选择一个随机节点，而无须遍历两次。Vitter首先针对大数据引入这个重要的概念，称为“算法R”（algorithm R）。要理解该概念，请考虑如何从世界总人口中随机选择一个人。这个过程很复杂，因为你在开始见到人时，并不知道世界总人口数。如果你知道，那就很容易了，只需要选择一个随机数，它取0至比实际世界人口少1的值即可。现在，以确保不重复拜访的任意顺序开始拜访人，当拜访人数等于该随机数时，就是你的选择。

① Vitter，1985。

但是，你不知道确切的世界总人口数，就不能在不引入偏差的情况下使用估计值。如果你的估计值太低，那么你的选择就会偏向你首先遇到的人；如果你的估计值过高，那么你的选择就会偏向你最后遇到的人。你不想两次拜访世界总人口。实际上，对于大数据，所有事情你都不想做两次！

蓄水池采样提供了一个很好的解决方案。你从拜访每个人开始，然后在拜访每个人时保留一个候选人。你拜访的第一个人成为第一位候选人。当你拜访第二个人时，你会生成1 ~ 2的一个随机数。如果该数字为1，则第二个人将成为新的候选人，第二个人有50%的机会成为候选人。现在，你访问第三个人，并生成1 ~ 3的一个随机数。如果该数字为1，则第三个人将成为新的候选人，第三个人有33.33%的机会成为候选人。这个过程针对所有人继续。最后，无论谁是候选人，都将被选择。因此，你的选择仅来自对每个候选人的一次拜访。

蓄水池采样的名称恰当地反映了算法中涉及的选择过程。蓄水池就是你要保留的人选，采样就是从种群中选择一个或多个个体的统计过程。你可以在清单4-6中看到用蓄水池采样随机选择树节点的伪代码。

清单4-6　用蓄水池采样随机选择树节点

```
# Traverse the tree, index and reservoir are passed by reference.
sub internal_sample_node(current_node, ref index, ref reservoir):
  current_index = index
  index = index + 1
  # Determine if we replace the reservoir.
  j = random_uniform(0, current_index + 1)
  if j == 0:
    reservoir = current_node
  # Traverse on to the children.
  for child_node in current_node.children:
    internal_sample_node(child_node, index, reservoir)
```

```
# Return a random node from a tree using reservoir sampling.
sub sample_node(root):
  index = 0
  reservoir = null

  internal_sample_node(root, index, reservoir)
  return reservoir
```

清单4-6的代码提供了一个名为sample_node的函数，它将从树中选择一个随机节点。根节点必须传入sample_node。sample_node函数调用internal_sample_node。这个内部函数用先序遍历算法执行树的递归遍历。变量reservoir和index分别跟踪当前蓄水池项和索引，这两个变量均通过引用传递。因此，对它们的更改将反映在函数之外。

4.2 树突变

遗传编程的突变工作原理与我们在第3章中看到的遗传算法相同。两种突变算法都实现了无性繁殖，从而基于随机改变，创建了一个亲本的后代。你可以在清单4-7中看到树突变的伪代码。

清单4-7　树突变

```
sub tree_mutate(parent ,max_mutate_depth):
  # Clone the parent.
  child = parent.clone( )
  # Choose the point to mutate.
  mutate_point = sample_node(child)
  # Replace the mutate point with a new random tree section.
  child.replace(mutate_point,grow_node(max_mutate_depth))
  return child
```

首先，创建一个与亲本完全相同的孩子。然后该算法在子节点中选择一个随机突变点。该随机点被替换为一棵新树，它是通过前面介绍的grow_node函数创建的。实质上，我们是从子节点剪下一个分支，并

让新的分支代替它的位置。图4-5展示了这个过程。

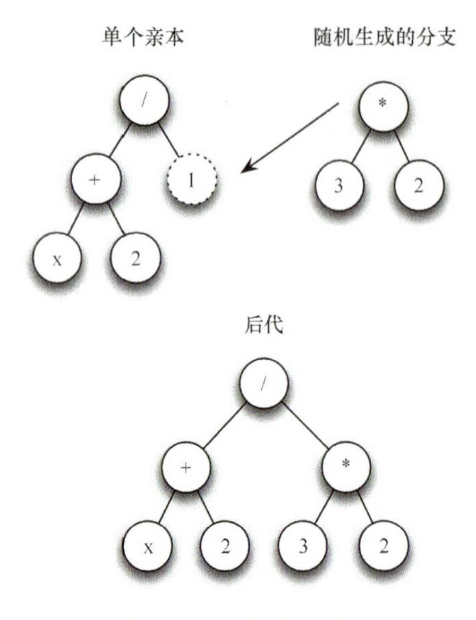

图4-5 树的突变算子

如图4-5所示，我们在亲本中选择一个随机点。然后，我们生成一个随机分支。随后将随机分支嫁接到亲本上选定的点，从而创建孩子。重要的是，要注意在这个操作过程中，亲本不会更改。

4.3 树交叉

树交叉允许两棵亲本树进行有性繁殖。交叉的工作方式是先复制亲本1，然后将亲本2的一部分复制并嫁接到亲本1的副本中。在这个过程中，两个亲本都不会更改。清单4-8展示了实现树交叉的伪代码。

清单4-8 树交叉

```
sub tree_crossover(parent1, parent2):
  # Find a random point in parent 2,
```

```
# we will copy this to the new child.
source = sample_node(parent2.root)
# Create the child as a clone of parent 1.
child = parent1.clone( )
# Find a random point in the child to graft in parent 2 point.
target = sample_node(child.root)
# Replace at the child's random point with a
#clone of parent 2's point.
child.replace(target,source.clone())
return child
```

两个亲本对象，名为parent1（亲本1）和parent2（亲本2），被传入crossover函数。该算法首先在parent2中选择一个随机点，名为source（源）。接下来先创建child，作为parent1的副本。在这个新创建的child中选择第二个随机点，名为target（目标）。最后，将source的副本移植到target的子树上。图4-6总结了这一过程。

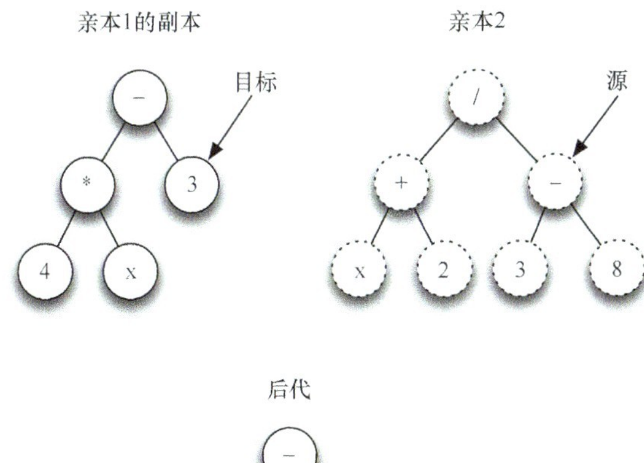

图4-6　树交叉算子

如图4-6所示，该算法从第一个亲本对象的副本中选择一个目标，并从第二个亲本对象中选择一个源。将这个源复制到目标处，创建后代。但在这个过程中，没有任何一个亲本被更改。

4.4 拟合公式

4.3节展示了如何将公式表示为可演化的树，这让你可以生成表示数据集的公式。这是遗传编程的最常见用途之一。例如，考虑以下数据集：

```
x,y
-10,342
-9,272
-8,210
-7,156
-6,110
-5,72
-4,42
-3,20
-2,6
-1,0
0,2
1,12
2,30
3,56
4,90
5,132
6,182
7,240
8,306
9,380
10,462
```

该数据集显示了各种x值对应的y值。这是回归的例子，而不是分类。回归问题试图预测给定输入的数字结果。对于上述数据集，输入为

x，输出为y。我们可以使用第3章中介绍的RBF网络来执行这种回归。但是，RBF网络的一个问题是，它是无法解释的。

可解释性在AI的某些领域中非常重要。你的RBF模型可能会告诉你，x值为−5时结果（y值）为72，但是，它不会告诉你产生这个结果的原因。从这个意义上说，RBF网络是一个黑匣子，其模型无法解释其答案。人类的直觉遵循相同的思路。人们常常无法解释一个决定，他们只是认为这是正确的做法。如果决定应该被解释，那么就不应使用黑匣子模型。在这些情况下，请使用遗传编程，或本系列图书卷1讲解的线性模型。

公式很容易解释。如果用公式4-2代表上述数据集，那么你现在对确定结果的方式就有了相当多的了解。

$$y = 4x^2 + 6x + 2 \tag{4-2}$$

公式4-2精确地定义了x和y之间的关系，并且不需要通过黑匣子模型来确定其他值。遗传编程可让你根据数据集生成公式。

我们将根据本节一开始给出的数据进行训练，以确定我们训练的公式是否类似于公式4-2。下面显示了这个例子的运行示例。

```
    Iteration: 1, Current error = 20710.295679925002, Best Solution
Length = 20
    Iteration: 2, Current error = 20710.295679925002, Best Solution
Length = 20
    Iteration: 3, Current error = 20710.295679925002, Best Solution
Length = 20
    Iteration: 4, Current error = 18435.519210663904, Best Solution
Length = 16
    Iteration: 5, Current error = 18435.519210663904, Best Solution
Length = 16
    ...
    Iteration: 996, Current error = 8.510634781265793, Best Solution
Length = 14
```

```
    Iteration: 997, Current error = 8.510634781265793, Best Solution
Length = 14
    Iteration: 998, Current error = 8.510634781265793, Best Solution
Length = 14
    Iteration: 999, Current error = 8.510634781265793, Best Solution
Length = 14
    Good solution found:
    ((-(((-2.36732495)-a)-a))*(-((-0.87349794-a)-a)))
```

可以看到，该示例收敛到误差约为8.5。可能需要运行几次程序才能得出一个好的误差。种群有时会停滞在平庸解上。第5章将展示一种防止停滞的方法。

我还将树的最大深度限制为50。尽管存在多种限制树深度的方法，但我更喜欢将限制内置到计分函数中。如果基因组的长度超过50，则计分函数将返回非常差的分数。

正如你在上面的输出中注意到的那样，该算法选择了最适合数据的公式：

```
((-(((-2.36732495)-a)-a))*(-((-0.87349794-a)-a)))
```

初看上去，该公式似乎不像一个合适的解，因为它比公式4-2复杂得多。但是，遗传算法不懂代数。如果简化上述公式，会得到公式4-3。

$$4a^2+6.481\,65a+2.067\,85 \tag{4-3}$$

如你所见，这个解更接近公式4-2。

你可能想知道，为什么遗传编程无法找出简化的表达式。当我第一次尝试遗传编程时，这个问题也引起了我的兴趣。我发现，由于遗传编程实现突变和交叉的方式，它永远不会收敛到特别简单的形式。考虑如何简化公式4-4。

$$4x+2x \tag{4-4}$$

图4-7以树的形式展示了公式4-4以及树的简化形式。

图4-7 简化树

回想一下树的突变和交叉，我们可以看到为什么上面的公式不能轻易地演化成简化形式。突变通过将新分支插入亲本的一部分来进行。要构成该简化树，它的任何一部分都不能被替换。在进行简化之前，这种更改需要几次突变。此外，每次增量的变化都会严重恶化孩子的分数，并降低选择孩子的机会。

在创建图4-7所示的完成简化的后代时，交叉会遇到类似的问题。简单地从另一个亲本嫁接一个分支，不会在一代中产生简化。

这个问题导致大多数遗传程序都使用计算机代数系统（Computer Algebra System，CAS）来进行这些简化。找到最优解后，最好在最后进行这些简化。过早的简化会导致基因组具有更少的节点，这意味着基因组突变位置更少。当你有固定数量的常量节点时，程序将通过运算符节点组合现有常量来创建新常量。尽管我们可能没有0.5，但是我们可以将该值表示为1除以2。

4.5 本章小结

我们在第3章中看到的遗传算法，要求将其解实现为定长数组。

在本章中我们了解到，树在实现前文讨论的简单程序和数学表达式时，也可以演化。具体来说，以树为中心的交叉和突变算子演化了这些树。

计算机程序和数学表达式可以表示为树。每个树节点都是一个函数，树下的分支指定了这些函数的参数。这些树的递归性质允许对复杂的表达式进行编码。

当亲本双方相对相似时，交叉有最大的机会生出适应能力强的子节点。当然，自然界有很多这种想法的例子。即使存在蜂鸟和大象交配繁殖的可能性，它们的后代也不适合大多数环境。在自然界中，不同物种之间的后代非常罕见。因此，对演化算法施加这些同样的限制可能是有用的。第5章将介绍如何实现这种约束。

第5章
物种形成

本章要点：

- 阈值物种形成；
- 聚类物种形成；
- 树的交叉和突变；
- 拟合方程。

物种形成是产生新生物种的进化过程。生物学家Orator F. Cook（1906）似乎是第一个使用“物种形成”（speciation）一词来表达生物谱系分裂的人。Merriam-Webster（2014）将物种定义为“一组相似且可以产生幼小动物或植物的动植物：一组小于属的相关动植物”。出于大自然启发算法的目的，这个定义的关键部分是物种的成员可以产生后代。

如果演化算法使用物种形成，就会将交叉限制在同一物种的成员中。交叉的失败率可能很高，因为它要将两个或多个个体的特征融合在一起。当亲本之间有些相似时，这个过程最有效。到目前为止，本书介绍的演化算法让所有合适的解都可能成为亲本。

考虑一下自然界如何隔离有机体的繁殖。只有同一物种的成员才能产生后代。即使存在蜂鸟和大象交配繁殖的可能性，它们的后代也不适合在大多数环境中生存。即使我们找到了最好的大象和最好的蜂鸟，它们的后代肯定也不是最好的。从根本上讲，物种形成是一种尝

试，目的是提升交叉产生成功的后代的可能性。

5.1 物种形成实现

并非每种受大自然启发的算法都会利用物种形成的思想。但是，真正使用物种形成思想的算法会以类似的方式实现它。在每次操作中，首先出现的问题是基因组的相似性。它们是否具有相同物种的特征？这个问题暗示存在比较两个基因组的过程。实际上，有几种比较基因组的方法。但是，比较遗传算法中的两个固定长度基因组与分析基于树的遗传算法中的两个基因组有很大不同。因此，我们将在本书后文讨论基因组的比较。

无论你如何比较两个基因组，结果都将是一个浮点数，即两个基因组之间的距离。较小的数字表示相对相似的两个基因组，较大的数字表示两个不同的基因组。

你将学习两种不同的方法，来理解两个基因组之间的相似性。此外，从阈值物种形成开始，你将看到多种计算方法。

5.1.1 阈值物种形成

阈值物种形成是一种非常简单的物种形成算法，仅依赖于两个基因组之间的相似性度量。该物种形成算法使用以下两个训练参数：物种计数和起始物种形成阈值。

物种计数是期望的物种数。这个参数的常见默认设置是30。这意味着算法将尝试将物种数保持在30。但是，阈值物种形成不能保证将物种数保持在这个设置。相反，物种阈值将被调整为朝着这个计数方向移动。

物种形式阈值为判定两个基因组是同一物种指定了最小相似性度

量。这个值只是起点，因为阈值水平会调整，以维持所需的物种数。接下来，将初始代划分为多个物种。这种划分称为物种形成。

演化算法首先将第一个生成的基因组放入自己的物种库中。如果第二个基因组的相似性测量值低于物种相似性阈值，那么它将加入第一个基因组所在的物种。对于整个种群，这个过程将继续进行。处理完所有种群成员后，每个基因组都应属于一个物种。在每一代中都会重复这个过程。

在每一代的末尾，算法都会考虑物种数量。如果物种过多，则物种形成阈值将增加。换言之，基因组的相似性评价标准需要放宽，以便分组在同一物种中。该结果将减少物种数量。如果没有足够的物种，则物种形成阈值将降低，这将增加物种的数量。每一代的平衡动作都在继续。通过调整物种形成阈值，该算法可使物种计数保持在训练参数指定的水平附近。

5.1.2 聚类物种形成

我发现阈值物种形成可以提高算法中交叉操作的效率。但是，阈值物种形成不是将种群划分为物种的唯一方法。聚类是另一种物种形成算法。在本书英文版出版时，我还没有编写任何聚类物种形成的例子，将来我可能会添加一些例子。同时，本节将概述聚类，以便你可以在自己的算法中使用它。

聚类物种形成使用聚类算法，例如K均值（K-means）或K中心点（K-medoids），来实现物种形成。与阈值物种形成相比，聚类物种形式的优势在于，它严格执行了所需的物种数量。通常，聚类物种形成算法有一个物种计数训练参数，并且该算法会将种群的每一代准确地按该物种计数划分。基因组将基于彼此之间的相似性而分别落入这些

物种。重要的是，要注意种群的成员不一定会均匀地划分成物种。一个物种很可能只包含少数几个个体，而另一个物种可能包含数百个个体。

聚类算法是无监督学习的一种形式。换言之，没有正确或错误的答案——计算机只是提供对数据的见解。聚类算法获取数据并将其划分为聚类簇，每个聚类簇中的数据具有相似的特征。因此，聚类算法是物种形成的自然选择，因为它擅长对事物进行分组。

K均值是一种有效的聚类算法。实际上，“人工智能算法”系列图书的卷1对于如何实现K均值算法举了一个例子。而本书介绍了如何利用K均值进行物种形成。K均值最适合指定固定长度的数组，因为与阈值物种形成不同，它无法仅通过基因组的相似性测量进行操作。K均值物种形成必须能够为每个物种创建一个质心。

一个物种的质心是其成员的典型代表。换言之，它是平均物种成员。但是，质心实际上并不作为一个基因组而存在，因为它本质上是一个概念。例如，《时代》（2011）发表了一篇名为*The World's Most Typical Person is a 28-Year-Old Chinese Man*的文章，阐述了这一想法。

在这篇文章中，一个28岁的中国男人（a 28-year-old Chinese man）实际上是整个人类的质心。他的脸是由电脑渲染出来的，实际上他不存在。他只是代表了人类基因组中每个现有特征的平均值。

你可以将相同的原理应用于人工智能的基因组。对于定长数组，质心只是物种中的基因组中每个数组元素的平均值。然而，这些质心是K均值物种形成的主要缺点，特别是与阈值物种形成相比。

依赖质心是一个问题，因为质心不一定总是可用的。尽管计算固定长度数组的质心相对容易，但并非总是可以像第4章中那样，针对树表示的基因组进行计算。因此，遗传编程无法利用K均值形成。对

于遗传编程，K 中心点算法更可取。

Kaufman（1987）提出的K中心点算法与K均值算法的工作原理类似，只是它不需要质心。换言之，仅使用本章前面讨论的基因组相似性测量，K 中心点算法就可以对种群进行物种形成。它的工作方式是选择经计算最能代表该物种的基因组来代替质心。因此，种群被分为正确数量的聚类簇，即物种。

5.2 遗传算法中的物种

现在，你将学习如何计算同时针对遗传算法和遗传编程的基因组相似性度量。在遗传算法中，可以用常规距离计算来比较两个基因组的相似性。要在遗传算法中执行物种形成，欧氏距离是一个不错的选择。只需计算欧氏距离，将它作为基因组相似性度量即可。考虑以下两个以固定长度数组表示的基因组。

```
基因组 1: [2.0, 3.0, 5.0]
基因组 2: [1.0, 2.0, 1.0]
```

公式 5-1 计算这两个数组间的欧氏距离：

$$\sqrt{(2.0-1.0)^2+(3.0-2.0)^2+(5.0-1.0)^2} \approx 4.242\,641 \qquad (5\text{-}1)$$

该距离显示了两个基因组之间的相似性。如果4.242 641低于物种形成阈值，则这两个基因组将属于同一物种。

5.3 遗传编程中的物种

在遗传编程中，计算树的相似性度量仅比遗传算法稍微复杂一点。因为我没有找到许多已发布的比较遗传编程树的方法，所以我

的方法是遍历树并保留相同类型节点的数量。要了解这个方法，请参考图5-1。

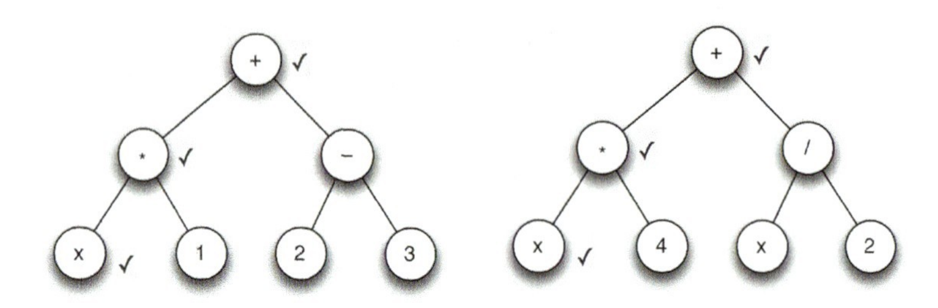

图5-1 比较树

查看图5-1所示的两棵树，你会发现它们有些不同，只有3个节点匹配。因为每棵树中有7个节点，所以两棵树的相似度仅为3/7（或43%）。精确的计算总结在公式5-2中。

$$\frac{\Delta_{t_1,t_2}}{\max(N_{t_1},N_{t_2})} \quad (5\text{-}2)$$

从公式5-2可以看出，我们用两棵树（t_1和t_2）之间相同的节点数，除以最大的树的总节点数。

5.4 使用物种形成

演化算法的结构因增加物种形成而改变。为了实现物种形成，将每个物种的得分相加，得出种群总得分。根据物种得分相对于种群总得分的大小，为每个物种分配这个总得分的一个百分比。这个百分比决定了下一代将有多少来自该物种的后代。

例如，假设有1 000个基因组和10个物种的种群。物种#1的总得分为1 000，种群总得分为15 000。物种#1的得分占种群总得分的比例为1 000/15 000（约7%）。简而言之，物种#1将在下一个种群中生产1 000个基因组的7%，也就是70个基因组。为了产生这70个基因组，需要在该物种内部进行常规选择，以确定新的亲本。

现在，你会看到针对鸢尾花数据集，使用阈值物种形成的训练。这个过程使用遗传算法，发起与第4章完全相同的训练。增加物种形成可以使训练在250代内完成。训练进度如下。

```
Iteration #1, Score = 0.17495982354737508, Species Count: 937
Iteration #2, Score = 0.1706156692994128, Species Count: 829
Iteration #3, Score = 0.1706156692994128, Species Count: 697
Iteration #4, Score = 0.1706156692994128, Species Count: 358
Iteration #5, Score = 0.16155391035729205, Species Count: 159
Iteration #6, Score = 0.1590871219942837, Species Count: 159
Iteration #7, Score = 0.1590871219942837, Species Count: 111
Iteration #8, Score = 0.1590871219942837, Species Count: 98
Iteration #9, Score = 0.1590871219942837, Species Count: 54
Iteration #10, Score = 0.1590871219942837, Species Count: 52
Iteration #11, Score = 0.15729238266187578, Species Count: 24
Iteration #12, Score = 0.15729238266187578, Species Count: 23
...
Iteration #249, Score = 0.052048101781812586, Species Count: 600
Iteration #250, Score = 0.049240602469552884, Species Count: 828
Final score: 0.049240602469552884
...
```

从上面的输出中可以看到，物种数量最初非常高，因为随机生成的基因组彼此之间几乎没有共同点。几代后，基因组开始分化，物种数量迅速下降。此外，物种形成算法在不断降低物种形成阈值，以取得我为上述运行要求的30个物种。在算法运行快要结束时，随着基因组收敛到通用解，物种数通常会大大增加。

5.5 本章小结

物种形成是一种方法，目的是提高遗传交叉产生成功后代的可

能性。在自然界中，只有相同物种的生物才能产生后代。与自然界一样，交叉倾向于从相似的亲本基因组产生更好的后代。演化算法可以利用物种形成来提高其交叉的效率。

要实现物种形成，你必须有一种比较两个基因组相似性的方法。比较方法将根据不同的基因组类型而变化。对于定长遗传算法基因组，可以用欧氏距离；对于遗传编程树，可以使用树进行比较。

第3章和第4章主要讨论竞争算法。接下来的第6章和第7章将研究合作算法。你将发现，竞争算法和合作算法有很多差异。第6章将从粒子群优化开始。

第6章 粒子群优化

本章要点：

- 合作种群；
- 鸟群、昆虫群和鱼群；
- 粒子群优化。

到目前为止，实现竞争种群一直是本书的主要关注点。现在，重点将转移到第6章和第7章中的合作种群。这两种类型的种群将共同努力，寻找最优解。

前几章中的竞争种群通过创建更好的解而得到了改进。与竞争种群不同，合作种群不会通过连续的世代来进步。固定的一组个体将随着迭代的进行而改进其解。换言之，不是像在竞争算法中那样调整遗传密码，而是每个合作个体都调整自己的位置。

6.1 群聚

天空中的鸟群说明了合作行为的概念。虽然群聚可能表现为非常复杂的行为，但许多不同的动物都表现出这种行为。确实，“鸟群”“昆虫群”“鱼群”“牛群”之类的词通过不同名称，表达了同样的群聚行为。

Craig Reynolds（1986）首先用他的模拟程序Boids在计算机上复制了群聚行为。在任何情况下，群聚算法似乎都很复杂。程序员可能会创建一个对象来处理群聚中的所有个体。

此外，程序员将需要开发例程来确定群聚的方向。程序员的其他决定包括是否将群聚分为两个群或更多群，确定群聚大小的标准以及接纳新成员的过程。因此，这种程序可能变得非常复杂。图6-1是群聚模拟。

图6-1 群聚模拟

除了这些考虑，程序员还需要问以下问题：群聚程序真的需要很复杂吗？自然界对这个问题给出了否定的答案，它表面上的复杂性源于非常简单的规则。因此，自然界会启发我们创造一个简单的过程来模拟鸟群。产生图6-1的算法实际上非常简单。它只有3个规则。

- 分离：避免拥挤的邻居（短距离排斥）。
- 看齐：转向邻居的平均朝向。
- 内聚：转向邻居的平均位置（长距离吸引）。

这3个规则是群聚仅有的要求。鸟群的例子展示了看似复杂的行为中的极度简单性。粒子或鸟都以恒定的速度运动，每个粒子还有一个角度，用于定义其方向。此外，粒子不能加速或减速，它们只能转向。

群聚规则还为粒子的方向确定了理想的角度。换言之，规则指定了粒子想要前进的角度。由于粒子无法立即变到理想角度，因此它将开始朝该方向转动。这种行为与现实生活是一致的。如果一只鸟正向南飞，并希望改变方向向北飞，那么这只鸟必须花费一些时间才能转到新的方向。有一个特定的百分比来控制这些粒子遵循规则的愿望。

你可以尝试用这3个参数进行实验，来查看它们的效果。重要的是要意识到，许多组合根本不会产生群聚行为。但是，以下默认值很好用：

- 分离：0.25；
- 看齐：0.5；
- 内聚：0.01。

要单独观察一个规则的效果，请将该规则设置为1.0，将其他规则设置为0.0。例如，单独使用内聚将导致所有粒子汇聚在宇宙中的几个位置上。除非你一开始就将粒子放在随机位置上，否则在这个宇宙中根本不会产生随机性。除了这种放置之外，程序将不再生成随机数。你可以通过以下网址用在线示例进行练习：

http://www.heatonresearch.com/aifh/vol2/flock_2d.html

http://www.heatonresearch.com/aifh/vol2/flock_3d.html

群聚是一个引人入胜的话题，因为它展示了一个宇宙（如上述在线示例那样）如何表现出看似复杂的行为。想想我们的宇宙，它看起来很复杂。物理学、化学、生物学等研究领域都试图总结一些模型，来解释自然现象。科学家寻求一种“万物理论”（theory of everything），即将所有物理定律统一为一组简单的基本定律[1]。但是，没有人有统一

① Weinberg，1993。

的发现。我们现在拥有的最好的结果几乎是“万物理论”（theory of almost everything）或“基本力理论”（fundamental forces theory）[①]。

“基本力理论”将许多物理相互作用分成4种核心力，由以下通用常数支配。

- 强相互作用：1；
- 电磁力：1/137；
- 弱相互作用：10^{-6}；
- 引力：6×10^{-39}。

这4个常数在真实宇宙中发挥着作用，类似于群聚宇宙中的分离、看齐和内聚常数。这些常数定义了它们各自的宇宙运行方式。当然，正如贝尔定理（1966）所述，真实的宇宙不是确定性的或完全可预测的。相反，群聚算法绝对定义了粒子的行为。实际的物理定律给出了粒子可能行为的概率。

6.2 粒子群优化

程序员也可以将群聚用作搜索算法，让它能够优化模型的参数。这样，它可以训练神经网络、贝叶斯网络、支持向量机和其他机器学习算法。这类算法是粒子群优化。1995年，Kennedy和Eberhart引入了粒子群优化（Particle Swarm Optimization，PSO）算法。与许多学习算法不同，PSO算法不需要基本算术以外的数学。因此，PSO相对容易理解。

首先，你必须理解，PSO将策略映射到一个搜索空间。在一维搜索空间中考虑一个孤立的粒子，该粒子只能向左或向右移动。在二维搜索空间中，粒子可以在二维空间中移动，就像在棋盘中一样。三维

① Oerter，2006。

粒子可以在3个维度上移动。我们的世界是三维的，因此，一只鸟可以上下、左右、前后飞。

与自然界不同，PSO可以在非常高维的空间中运行。拥有在更高维度中搜索的能力是有利的，因为大多数问题都有3个以上的维度。模型中的每个参数都是一个维度。从根本上讲，模型的这些参数可归约为浮点向量的数组。

在神经网络中，一旦指定了神经元的数量以及它们放入各层的方式，该网络中权重的数量就不会改变。随着训练的进行，这些权重会发生变化，以便让神经网络针对给定的输入产生正确的输出。这些权重成为PSO搜索的维度。可以认为神经网络在这些维度中飞行，以寻找一个最佳位置，该位置是最能将输入映射到所需输出的权重集合。

6.2.1 粒子

PSO使用固定数量的粒子。这个数字通常是30，但PSO算法可以选择更大或更小的值，每个粒子具有多个值。这些值总结如下：

- 当前位置（或模型参数）；
- 最佳位置和得分；
- 速度向量。

当前位置和最佳位置是向量，其长度与模型的参数向量长度相等。另外，PSO算法会记录当前位置和最佳位置的当前得分。记录粒子的最佳位置，可以让粒子探索远离其最佳位置的空间。PSO算法提供的最终解将是具有最理想的最佳分数的粒子。根据PSO的目标（要么是最大化，要么是最小化），理想的分数可能是高分或低分。

粒子永远不会静止，它们不断运动。速度包括速率和方向。速度

向量的长度与模型的长度相同。现实世界中物体的速度，可以表示为物体在3个维度上各自运动的速度。同样，粒子在每个维度上都具有速度分量，可以是负值或正值，它们指定了粒子的方向。与6.1节中的群聚粒子不同，所有PSO粒子的移动速度都不相同。它们在搜索空间中移动时会加速和减速。

在这些运动中，粒子将寻找提供最佳分数的模型参数，即坐标。速度提供了粒子的方向和速率，它们被添加到当前坐标（即权重）中。例如，如果第三维当前的位置为10，速度为−0.5，则第三维将移至9.5。随着粒子的移动，整个系统的最优解是具有最小（最佳）误差的粒子。

速度最初设置为随机值。但是，它们不会停留在这些随机值上。PSO算法真正的强大之处是更新这些速度的方式。这表明学习随着分数的增加而发生。

6.2.2 速度计算

迭代以彼此完全独立的方式更新速度的分量（即维度）。公式6-1展示了这种更新如何发生。

```
v[] = v[] + c1 * random_uniform() *
(pbest[] − param[]) + c2 * random_uniform() *        (6-1)
(gbest[] − param[])
```

当更新发生时，粒子将转向粒子的最佳向量pbest和全局最佳向量gbest。朝着粒子最佳向量的运动乘以c1，而朝着全局最佳向量的运动乘以c2，从而允许每个粒子在整体c2最佳和局部c1最佳之间进行搜索。

这些值总结如下。

- v[]：当前速度。在公式6-1中，为每个数组位置分配一个新值。

- param[ ]：与速度数组相同索引对应的参数（即坐标）。
- pbest[ ]：此粒子找到的最佳权重数组。
- gbest[ ]：所有粒子找到的最佳权重数组。
- c1：粒子收敛到最佳状态的学习率。（通常设置为2。）
- c2：粒子收敛到总体最佳粒子的学习率。（通常设置为2。）
- random_uniform( )：0～1的随机数。

仅有的必须设置的两个参数是两个学习率，分别由c1和c2指定。这两个值通常都设置为2，将它们设置为其他值会影响训练的效果。试验将确定该设置对性能有益还是有害。

6.2.3 实现

在计算机代码中实现PSO并不难。清单6-1展示了实现PSO的伪代码。

清单6-1 PSO

```
for i from 1 to particle_count:
  particle = new Particle()
  particles.add(particle)
  # Randomize particle initial state
  for j from 0 to param_count - 1:
    # Set particle velocities to random
    particle.v[j] = random_uniform (0,1)
    # Set particle parameters to random
    particle.param[j] = random_uniform (0,1)
    # Set particle best to match the weights
    particle.pbest [j] = particle.param[j]

best_score = min_float
# Main loop
while best_score < required_score:
    for each particle in particles:
```

```
        score = score_function(particle)
        # Update the best particle best
        if score > particle.best_score:
          particle.best_score = score
          particle.pbest = particle.param.clone()
        # Update global best
        if score > best_score:
          best_score = score
          gbest = particle.param.clone()
      # Move the particles
      for each p in particles:
        for j from 0 to param_count-1:
          p.v[j] = p.v[j]+
            c1 * random_uniform() * (p.pbest[j]-p.param[j])
            + c2 * random_uniform() * (gbest[j]-p.parms[j])
          p.param[j] = p.param[j] + p.v[j]
```

清单6-1的代码从创建particle_count个粒子开始。这些粒子存储在名为particles的集合中，每个粒子被赋予一个随机的速度和参数（坐标）。每个粒子的pbest集合最初设置为与该粒子的初始随机位置相同的值，因为这是该粒子目前被观测到的唯一位置。

因为我们试图最大化得分变量，所以将best_score变量初始化为浮点数的最小可能值。这个糟糕的分数确保了主循环在第一遍通过时，会将最佳分数更新为当前分数。

主循环从计算粒子的当前分数开始。如果粒子达到了新的个体最佳分数，那么我们必须用这个新分数更新pbest。此外，如果此分数优于当前的全局best_score，那么我们将同时更新best_score变量和gbest向量。gbest向量始终保持到目前为止遇到的最佳参数。主循环从更新速度向量开始。

PSO可以应用于RBF神经网络模型。PSO通过调整模型参数来训练RBF神经网络。这个方法在第3章中针对RBF使用过。在第3章中，遗传算法调整了模型参数，以实现更好的模型拟合。大多数训练算法都是以这种方式工作的。PSO和遗传算法之间的唯一区别是模型参数的调整。在下面的例子中，可以看到使用PSO将RBF神经网络模型拟合到鸢尾花数据集的结果。

```
Iteration #1, Score = 0.2608812647245383,
Iteration #2, Score = 0.2608812647245383,
Iteration #3, Score = 0.2608812647245383,
Iteration #4, Score = 0.2608812647245383,
Iteration #5, Score = 0.20548629451773479,
Iteration #6, Score = 0.20548629451773479,
Iteration #7, Score = 0.1456525667121654,
Iteration #8, Score = 0.1456525667121654,
Iteration #9, Score = 0.1456525667121654,
Iteration #10, Score = 0.1456525667121654,
...
Iteration #56, Score = 0.0517051622593003,
Iteration #57, Score = 0.0517051622593003,
Iteration #58, Score = 0.0517051622593003,
Iteration #59, Score = 0.045664739474608994,
Final score : 0.045664739474608994
[-0.55, 0.24, -0.86, -0.91]->Iris-setosa, Ideal: Iris-setosa
[-0.66, -0.16, -0.86, -0.91]->Iris-setosa, Ideal: Iris-setosa
...
[0.22, -0.16, 0.42, 0.58]->Iris-virginica, Ideal: Iris-virginica
[0.05, 0.16, 0.49, 0.83]->Iris-virginica, Ideal: Iris-virginica
[-0.11, -0.16, 0.38, 0.41]->Iris-virginica, Ideal: Iris-
   virginica
```

PSO是训练RBF神经网络的有效手段。在这个例子中，只需要进行59次训练迭代。

6.3 本章小结

第6章介绍了群聚和粒子群优化，两种算法都使用了粒子。其中，群聚利用一些独立粒子来模拟鸟群，3个简单的规则控制着看似复杂的群聚行为。

粒子群优化将群聚行为扩展为优化算法。PSO可以优化参数向量以获得理想分数，从而让优化的RBF神经网络模型能够拟合数据集，例如鸢尾花数据集。PSO让粒子群飞过潜在的高维空间，以寻找最优解。

PSO不是我唯一要介绍的合作种群。第7章将介绍蚁群优化（ACO）。这种受大自然启发的算法利用单个蚂蚁寻找食物的最佳路径，它基于蚂蚁留下的信息素踪迹来引导其他蚂蚁离开它们的聚居区。

第7章
蚁群优化

本章要点：

- 蚁群优化（Ant Colony Optimization，ACO）；
- 离散ACO；
- 连续ACO。

蚁群优化（ACO）是另一种受大自然启发的算法。与粒子群优化不同，ACO既适用于连续问题，也适用于离散问题。因此，ACO可与遗传算法互换。正如本章将介绍的，ACO的连续版本和离散版本有很大不同。Marco Dorigo（1992）在他的博士论文中介绍了离散ACO。基于这项研究，Christian Blum和Krzysztof Socha（2005）发表了介绍ACO的连续版本的论文。

蚂蚁的觅食行为影响了ACO的离散版本和连续版本。在自然界中，蚂蚁最初随机寻找食物。找到食物后，蚂蚁会留下信息素踪迹，然后返回聚居区。信息素的存在，增大了蚂蚁移动到该位置并继续沿着该踪迹行走的可能性。如果其他蚂蚁发现了这些踪迹，则很可能不会继续随机行走，相反，它们会寻找并遵循该踪迹，并在寻找食物时返回并加强该踪迹。但是，蚂蚁仍然偶尔会随机行走，并可能会找到更短的路径。

随着时间的流逝，信息素踪迹会挥发，从而降低其吸引力。因此，在沿该路径来回时，蚂蚁花费的时间越多，信息素挥发的时间就越长。

所以，蚂蚁在短路径上行进的频率更高，与长路径上的信息素相比，短路径上的信息素密度变得更高。另外，信息素挥发鼓励超出初始路径的探索。如果没有挥发，最初的蚂蚁喜欢的路径，往往对后来的蚂蚁极具吸引力[①]。图7-1展示了蚂蚁觅食的情况，其中大多数蚂蚁都遵循既定路径。

1. 直路径，没有障碍

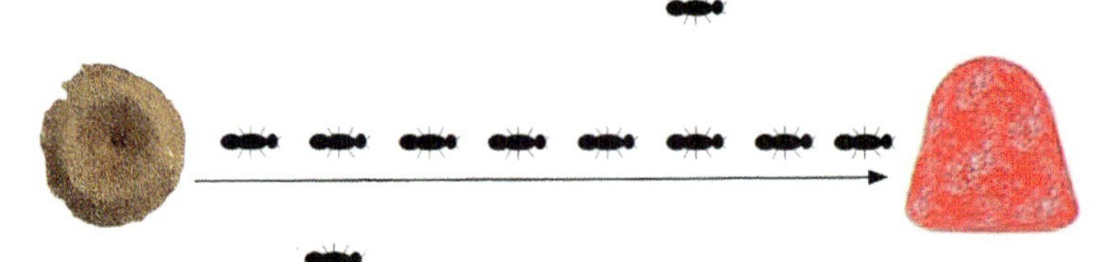

2. 简单路径，一个障碍

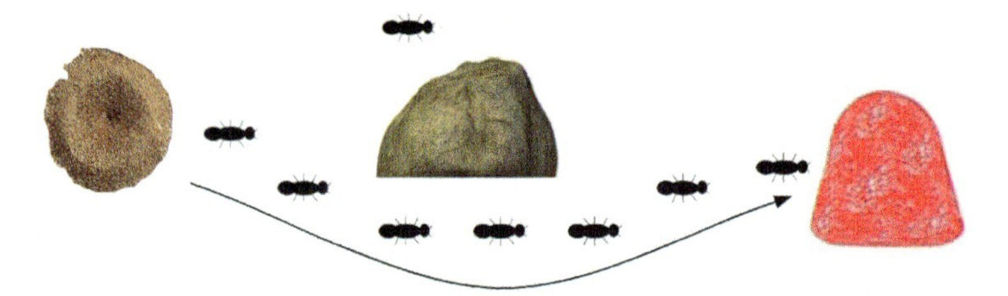

3. 简单路径，多个障碍

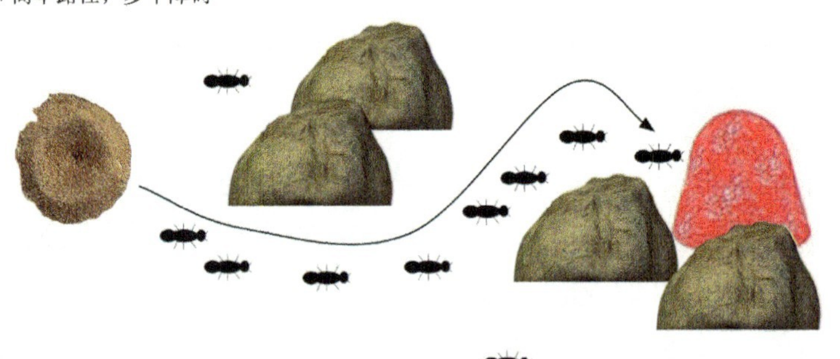

图7-1 蚂蚁觅食

因此，当一只蚂蚁发现从聚居区到食物来源的较短路径时，其他

① Holldobler，1990。

蚂蚁就更有可能遵循该路径。这种正反馈最终导致大多数蚂蚁遵循一条路径。一些蚂蚁仍然会随机觅食，以寻找更短的路径。ACO算法模仿了这种行为，模拟蚂蚁在一个解的图上行走，该图代表了要解决的问题。

7.1 离散蚁群优化

与其他算法相似，ACO采用不同的方法进行连续学习和离散学习。连续学习涉及计算数值，而离散学习涉及识别非数值。在本节中，我将展示ACO的离散形式。

旅行商问题（TSP）是离散问题的一个很好的例子。大多数离散问题涉及找到数据项集合的最佳安排，每种安排都必须计分。可以设计ACO来让这个分数最小化或最大化。TSP的典型定义涉及安排一些城市，即提供穿过这些城市的最短的路径，并且任何城市都只能被访问一次。

以下输出展示了ACO为TSP求解的过程。

```
Iteration: 1, Best Path Length = 1696.0
Iteration: 2, Best Path Length = 1571.0
Iteration: 3, Best Path Length = 1524.0
Iteration: 4, Best Path Length = 1454.0
Iteration: 5, Best Path Length = 1454.0
Iteration: 6, Best Path Length = 1454.0
Iteration: 7, Best Path Length = 1454.0
Iteration: 8, Best Path Length = 1454.0
Iteration: 9, Best Path Length = 1454.0
Iteration: 10, Best Path Length = 1454.0
...
Iteration: 98, Best Path Length = 1403.0
Iteration: 99, Best Path Length = 1403.0
Iteration: 100, Best Path Length = 1403.0
Iteration: 101, Best Path Length = 1403.0
Iteration: 102, Best Path Length = 1403.0
```

```
Iteration: 103, Best Path Length = 1403.0

Good solution found:
18>11>24>7>31>32>46>44>8>21>15>36>37>6>2>12>5>43>40>17>23>4>
14>20>0>38>33>10>49>45>29>9>28>48>19>3>34>30>27>1>35>26>25>
22>16>13>47>42>41>39
```

上面的例子试图最小化穿过城市的路径。在迭代（iteration）103，这个例子收敛于路径长度为1 403.0的解。

离散ACO的实现定义了几个常数及其初始值，列出如下。

- ant_count：这是算法中的蚂蚁数量。默认值为30。
- alpha：这个常数指定信息素踪迹的吸引力。默认值为1。
- beta：这个常数设置更好的状态转换（从一个节点到另一个节点）的吸引力，默认值为5。
- evaporation：这个常数确定信息素路径挥发的速度，默认值为0.5。
- q：这个常数控制一次行程中路径的所有节点共享的信息素数量，默认值为500。
- initial_pheromone：这一项是信息素踪迹的初始值，默认值为1.0。
- pr：这个常数定义了一只蚂蚁简单地闲逛到任何单元格的概率，默认值为0.01。

这些训练设置控制算法。调整它们可能有助于ACO算法更快地找到可接受的解。但是，你需要遵循一些通用准则来调整训练参数。增大evaporation设置将导致算法尝试新的解，而不是优化当前解。对于较大的搜索区域，可能需要增大q和ant_count。beta的增大使算法更加贪心，不愿意尝试使用分数更差的路径分段。增大alpha使算法更倾向于遵循已建立的路径，而不是尝试寻找新路径。

7.1.1 ACO初始化

离散ACO通常会找到列表中数据项的最佳顺序。这些数据项通常以图的形式显示，并有一条连续的线连接它们。每个数据项必须被访问一次，而同一数据项永远不会被访问两次。用图的术语来说，访问的每个数据项都称为一个节点，节点之间的线段称为边。

ACO算法的第一步是初始化信息素踪迹和蚂蚁参数。正方形网格存储了通过这些节点的信息素踪迹。方格的行数和列数都等于要访问的节点数。该网格表示任何节点与其他节点之间的信息素强度。由于我们不追踪节点与自身之间的信息素强度，因此我们不使用该网格的对角线。我们将网格初始化为初始信息素训练设置。图7-2展示了3个节点的初始化网格。

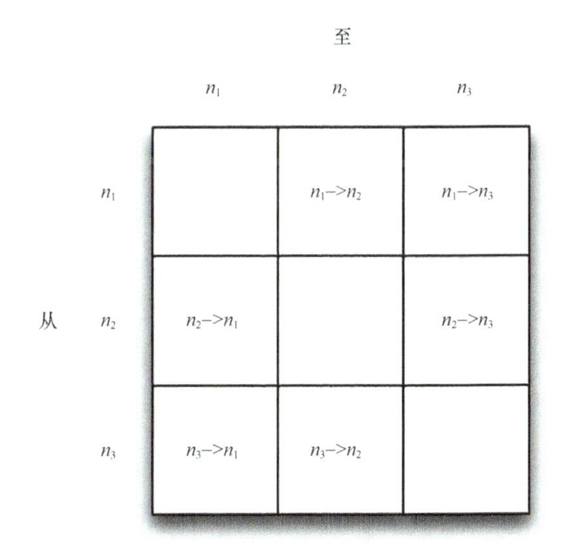

图7-2　3个节点的初始化网格

每个蚂蚁还必须维护它访问过的节点的列表，这使蚂蚁在达到其目标后可以返回聚居区。对于离散ACO算法，目标是访问每个节点，或访问一个或多个特定节点。

如第3章所述，经典的TSP体现了访问每个节点的目标。一旦蚂蚁访问了每个节点，它将返回并加强信息素踪迹，从而创建一条路径。你可以将该目标适配到TSP以外的许多问题。在访问图上的所有节点时找到最短路径，这是计算机科学的常见问题，许多蛮力和机器学习算法都致力于解决这个问题。

访问特定节点的目标类似于蚂蚁在自然界中寻找食物来源。目标节点是包含蚂蚁食物来源的节点，但是，它们并不关心访问每个节点。如果目标是访问一个特定的节点，那么蚂蚁会以最短的途径来寻找食物。该算法具有许多实际应用，例如，你可以使用ACO查找圣路易斯和洛杉矶之间最高效的高速公路路线。

7.1.2 蚂蚁移动

第一步要求蚂蚁向前移动到下一个单元格。如果这是蚂蚁要访问的第一个单元格，那么只需选择一个随机单元格。蚂蚁可以选择任一节点作为开始的第一步。有时候，蚂蚁还会以等于pr的概率访问一个随机的、未访问过的正方形。

如果蚂蚁还没有迈出第一步，并且我们还没有选择一次随机移动，那么我们必须为蚂蚁选择的所有未访问节点计算概率。公式7-1计算了这种概率。

$$p_{xy}^{k}=\frac{\left(\tau_{xy}^{\alpha}\right)\left(\eta_{xy}^{\beta}\right)}{\sum_{y\in \text{allowed}_y}\left(\tau_{xy}^{\alpha}\right)\left(\eta_{xy}^{\beta}\right)} \quad (7\text{-}1)$$

该公式计算出在迭代k中从节点x移到节点y的概率。看一下分子，我们让τ决定沉积在x和y之间的信息素。我们取τ的α次幂，因为训练参数α决定了信息素的有效性。在分子中还有η，它表示从节点x移到节点y的价值。我们取η的β次幂，因为训练参数β决定了成本对蚂蚁移动的影

响。我们将x到y转换的η的β次幂和τ的α次幂的乘积，除以所有允许的节点转换的τ的α次幂和η的β次幂的乘积之和。

公式7-1分母中的总和是根据得分和信息素的期望值来看整个未访问的图的总值。随后，我们将每个潜在移动作为总值的百分比进行求值，以确定每个潜在移动被选择的概率。基于这些概率，通过随机选择来确定给定蚂蚁选择的下一个单元格。

完全实现公式7-1需要几页代码。清单7-1仅展示了概率计算。

清单7-1　蚂蚁移动的概率

```
# Calculate probabilities
def calculate_probability(index, ant):
  # We will return an array with the probability of
  # each node.
  result = new[length(graph)]

  # Choose the node that the ant just visited.
  # This should never be called before the ant visits
  # the first node.
  i = ant.path[length(path) - 1]

  # Calculate the denominator the path probabilities.
  d=0
  for l from 0 to length(graph) - 1:
    # Do not count visited nodes
    if not ant.visited(l):
      # Sum the pheromone and score values
      d = d + (pheromone[i][l] ^ alpha) * (graph.score(i, l) ^ beta)

# Now calculate the individual probabilities.
for j from 0 to length(graph) - 1:
  if ant.visited(j):
    # Zero probability if already visited
    result[j] = 0.0

else:
```

```
    # Calculate probability numerator.
    n = (pheromone[i][j] ^ alpha) * (1.0 / graph.score(i, j) ^ alpha)
    result[j]= n / d

  # Return the probability vector
  return result
```

清单7-1的函数接受当前路径索引和对应的蚂蚁作为输入。这个函数将返回蚂蚁从其当前路径索引（当前位置）移动到任何其他节点的概率向量。蚂蚁移动到它自己的节点或已访问节点的可能性为零。调用外部函数graph.score以确定在两个节点之间移动的得分（成本）。因为伪代码的实现取决于要解决的问题，所以我没有为计分函数提供伪代码。本书代码的例子包含TSP的计分函数，以及自本书英文版出版以来可能已添加的其他例子的计分函数。

清单7-2展示了选择蚂蚁的下一步的伪代码。

清单7-2 选择蚂蚁的下一步

```
# Choose the next step for an ant.
def choose_next_step(ant):
  # If this is the first step then just choose a
  # random (non-selected) node.
  # Otherwise choose a random (non-selected) node with
  # pr probability.
  if length(ant.path) == 0 or uniform_random() < pr:
    index = -1
    # Choose a random(non-visited) node
    while index == -1 or not ant.visited(index):
     index = uniform_random(0, length(graph) - 1)
  else:
    # Obtain an array of the probabilities of this ant
    # moving to all other nodes.
    prob = calculate_probability(index, ant)

    # Obtain a random number between 0 and 1 that determines
    # the chosen node.
```

```
    r = uniform_random()
    sum = 0

    # We will loop forward adding each probability to sum.
    # Once we pass r, we have selected a node, with the
    # correct probability.
    for in from 0 to length(graph) - 1:
      sum = sum + prob[i]
      if sum > r:
        return i

  # Should not happen, but most programming languages require a
  # return value. If we did get here, then r was assigned to
  # something beyond 1.0, or the probabilities added to
  # more than 1.0.
  return -1
```

清单7-2的函数调用了清单7-1中的calculate_probability函数，并得到蚂蚁尚未访问的每个节点的概率列表。如果蚂蚁尚未迈出第一步，那么我们就不会计算概率。对于蚂蚁的第一步，我们只需要选择一个随机节点。为了鼓励蚂蚁探索信息素踪迹之外的区域，我们也以pr概率选择一个随机节点。

上面两个清单处理了概率计算的基本工作。完成这些基本工作后，我们可以让蚂蚁前进，以通过所有必需的步骤。清单7-3展示了这个过程。

清单7-3　蚂蚁行走

```
# March all ants for one iteration.
def march():
  # Select each node, up to the max number of nodes (the
  # length of the graph).
  # For example, if there are 10 cities in the TSP, loop from
  # 1 to 10.
  for i from 1 to length(graph):
    # Loop over all ants.
    for each ant in ants:
      # Choose the ant's next step
      next = choose_next_step(ant)
```

```
    # Record ant's next step
    ant.path.add(next)
```

march函数在每次迭代中执行一次。这将导致蚂蚁穿过所有必需的节点，对于TSP，这意味着访问每个城市。march函数调用choose_next_step函数，然后记录选择的步骤。

7.1.3 信息素更新

一旦蚂蚁全部走完了它们的完整路径，就必须更新信息素踪迹。这个过程分为两部分，同时考虑了蚂蚁的信息素挥发和信息素沉积。公式7-2总结了这一更新。

$$\tau_{xy} = \rho\tau_{xy} + \sum_k \Delta\tau_{xy}^k \tag{7-2}$$

公式7-2中的变量τ_{xy}代表节点x和y之间的信息素强度。我们正是要计算这个值。变量ρ指定挥发速率训练参数。$\Delta\tau_{xy}^k$代表蚂蚁k在x和y之间留下的信息素数量。

对于TSP，公式7-3通常计算出$\Delta\tau_{xy}^k$。TSP之外的问题可能会使用类似的方法。

$$\Delta\tau_{xy}^k = \begin{cases} Q/L_k, & \text{如果蚂蚁}k\text{在它的行程中使用路段 }xy \\ 0, & \text{其他情况} \end{cases} \tag{7-3}$$

重要的是，要注意公式7-3中的指数k表示蚂蚁k，并不表示k次幂。接下来，该算法执行信息素更新。首先，将挥发应用于所有信息素的值。清单7-4展示了实现挥发过程的伪代码。

清单7-4 信息素挥发

```
# Loop over every row.
for row from 0 to length(pheromone) - 1:
```

```
  # Loop over every column.
  for col from 0 to length(pheromone[row]) - 1:
    pheromone[row][col] = pheromone[row][col] * evaporation
```

清单7-4的代码在图中的每条信息素边上循环，并将其乘以挥发率evaporation。默认挥发率为0.5，在第一次迭代中，将1.0信息素水平降低到0.5。第二次迭代也将信息素水平降低一半至0.25。一旦位置的信息素水平非常接近0，就可以将该位置的信息素设置为0。

接下来，我们必须更新蚂蚁创建的信息素踪迹。清单7-5展示了这个更新。

清单7-5　信息素更新

```
# Loop over each ant
for each ant in ants:
  # Calculate the delta as the total pheromones (q) divided by
  # the score that the ant achieved.
  d = q / graph.score(ant)
  # Update the pheromones between all steps.  Subtract 2 to
  # calculate up to the 2nd to the last node (the last node
  # has no edge to any further nodes)
  for i from 0 to length(graph) - 2:
    pheromone[ant.path[i]][i+1] = pheromone[ant.path[i]][i+1] + d
  # Update the final node's pheromone.
  pheromone[ant.path[len(ant.path) - 1]][ant.path[0]] =
    pheromone[ant.path[len(ant.path) - 1]][ant.path[0]] + d
```

清单7-5的代码在每个蚂蚁上循环，并应用公式7-3。

7.2 连续蚁群优化

ACO的连续版本大致基于自然界中蚂蚁的信息素踪迹范式，但更宽松。连续蚁群优化是对本书中介绍的数据集进行模型拟合的最有效算法。与粒子群优化和遗传算法相比，ACO通常会调整RBF模型

的参数，以最大程度地减少数据集的误差，并且减少迭代次数。

像离散ACO一样，连续ACO算法中的蚂蚁是候选解，每个蚂蚁都是浮点参数的向量。如果使用连续ACO来拟合模型（例如RBF神经网络），那么这个向量指定了模型的权重和RBF参数。该参数向量类似于蚂蚁的位置。

与离散ACO不同，我们不会将向量的每个分量视为蚂蚁路径中的一步。对于连续ACO，每个分量都是蚂蚁的高维位置的一部分。迭代将每个蚂蚁移动到由概率密度函数（Probability Density Function，PDF）生成的随机位置，这个过程称为采样。

从PDF采样的随机数是有偏重的。高斯函数或正态分布函数是连续ACO最常用的PDF。高斯PDF的公式如公式7-4所示：

$$g(x,\mu,\sigma)=\frac{1}{\sigma\sqrt{2\pi}}\mathrm{e}^{-\frac{(x-\mu)^2}{2\sigma^2}} \tag{7-4}$$

公式7-4让你可以确定PDF的中心和宽度。常数μ确定了中心（即均值）。常数σ确定了宽度（即标准差）。图7-3展示了几个具有不同的μ值和σ值的高斯PDF。

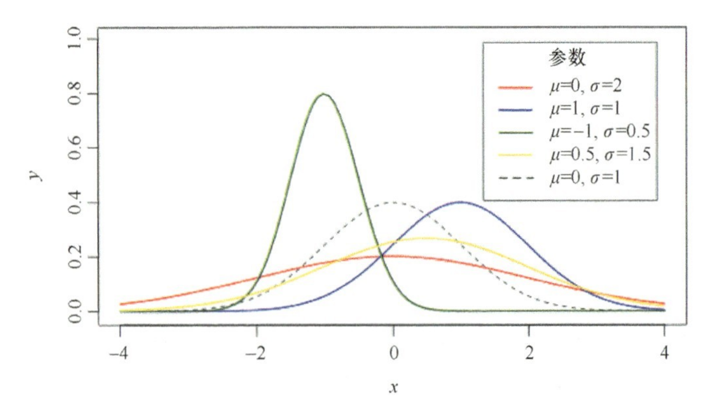

图7-3 几种高斯PDF

在图7-3中，x轴显示值，y轴显示选择的可能性。从每个高斯函数采样的随机数，最有可能接近其均值μ。标准差σ越小，随机样本接近均值的可能性就越大。

高斯PDF有一个缺点，因为高斯函数的形状变化有限，程序员无法使用单个高斯函数来定义存在两个分离的峰值的情况，而这种情况有可能效果不错[①]。标准的高斯函数只有一个峰，为了克服这个缺点，我们将利用由几个高斯函数组成的高斯核。这些核组合了多个高斯函数，可以表示比高斯函数的单峰形更复杂的模式。公式7-5展示了高斯核。

$$G(x)=\sum_{l=1}^{k}\omega_l g\left(x,\mu_l,\sigma_l\right) \tag{7-5}$$

如你所见，公式7-5基于公式7-4，现在将k个高斯函数加在一起，这些高斯函数每个都有自己的μ值和σ值。更重要的是，一个单独的ω值对每个分量高斯函数加权。根据其适应性，可以调整每个高斯函数的ω值。图7-4展示了如何将几个高斯函数求和，以产生具有复杂多峰模式的高斯核。

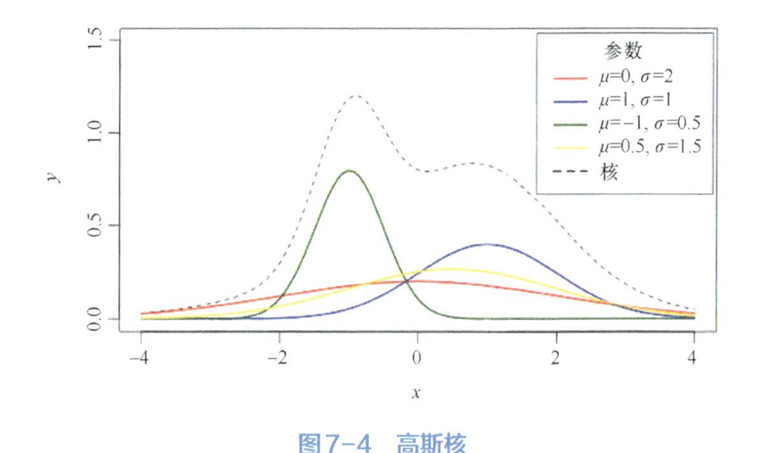

图7-4　高斯核

① Socha，2007。

从图7-4中可以看到，对各个高斯函数求和会产生一个包含每个峰值的核。虚线展示了该核的值。

7.2.1 初始候选解

ACO最初将蚂蚁放置在随机位置。蚂蚁的位置（解）向量的每个分量都设置为-1～1的一个随机数。由于尚未建立高斯核，因此不使用高斯核来生成这些随机值。高斯核将基于该蚂蚁种群初始随机的分数来创建。

连续ACO算法将使用的高斯核数量与你要优化的参数数量相等。如果你的RBF神经网络的参数向量长度为10，则可以使用单独的高斯核对参数向量的每个分量进行采样。对于每次迭代，蚂蚁都会根据从高斯核中采样的随机数移动到新位置。我们必须始终存储获得最佳分数的位置向量，这个获得最佳分数的向量将成为连续ACO的最终解。

7.2.2 蚂蚁移动

典型的高斯核将对每个分量求和，如公式7-5所示。连续ACO一次只能选择一个分量高斯函数，来计算蚂蚁参数向量的分量。连续ACO为解向量的分量选择均值和标准差。利用这个均值和标准差，为该蚂蚁的解向量的分量选择一个新位置。

我们将遍历种群中的所有蚂蚁，为蚂蚁分配新位置。此外，种群中的每只蚂蚁都会拥有自己潜在且唯一的模型蚂蚁，以帮助进行计算。采用轮盘赌的方式，根据蚂蚁得分的期望来选择模型蚂蚁。每只蚂蚁会朝着它的模型蚂蚁的参数移动。

我们将使用每个模型蚂蚁的解向量分量，作为随机高斯采样的平

均值。我们还需要一个标准差来生成高斯随机采样。公式7-6计算了标准差。

$$\sigma_l = \xi \sum_{i=1}^{N} \frac{x_i - x_l}{N-1} \tag{7-6}$$

该公式与实际计算采样标准差的公式相似。但是，对于连续ACO，它有所更改。请记住，我们不是根据统计数据来计算最纯粹的定义中的标准差。我们要计算该值，将它用作从高斯函数进行随机采样的标准差参数。

本质上，这个方程计算模型蚂蚁的参数元素x_l与所有其他蚂蚁的参数值x_i之间的平均差。除以（$N-1$）是因为我们不想包含模型蚂蚁。模型蚂蚁与自身的差为0。因此，从N减去1实际上相当于在分子和分母中都将其删除。你还会注意到，公式7-6包含系数ξ（伪代码中写为xi），该系数类似于信息素挥发速率。这个数字应在0～1范围内。ξ训练参数对应于许多其他训练算法中的学习率。ξ的值高，导致收敛速度低[①]。

现在，我们来看实现ACO所需的伪代码。清单7-6展示了用于选择模型蚂蚁的伪代码。

清单7-6　选择模型蚂蚁

```
def select_model_ant():
  l = 0

  # Calculate the total weighting (score) over all ants.
  sum_weighting = 0
  for each ant in ants:
    sum_weighting = sum_weighting + ant.weighting
  # Choose a random ant, with bias to better scoring ants.
  r = random_uniform()
  temp = 0
```

① Socha，2007。

```
  # Loop over all ants using a roulette wheel selection.
  for each ant in ants:
    temp = temp + weighting[i] / sum_weighting
    if r < temp:
      return r
  # We should never reach this point.
  return -1
```

我们会为必须移动的每个蚂蚁选择一个模型蚂蚁。除模型蚂蚁外，我们还必须计算标准差，以便从正态分布中进行采样。清单7-7展示了如何计算标准差。

清单7-7 计算标准差

```
# Compute the standard deviation to use for random sampling.
def compute_sd(ants, model_ant, x):
  # Sum the differences between the model ant and other ants.
  sum = 0.0
  for each ant in ants:
    sum = sum + abs(ant.params[x] - model_ant[x])
      / (length(ants) - 1)

  # Force a minimum threshold.
  if sum == 0:
    sum = MIN_SIGMA

  # Apply evaporation rate and return.
  return xi * sum
```

应用清单7-6和清单7-7中提供的函数来移动所有蚂蚁。清单7-8展示了连续ACO如何完成这个过程。

清单7-8 连续ACO的移动

```
def move_ants():
  # Loop over each ant in the population.
  for each ant in ants:
```

```
# Choose the model ant.
model_ant = select_model_ant()
# Move the ant.
for j from 0 to length(ant.params):
  # Determine the sigma and mu to sample a
  # random number from.
  sigma = compute_sd(ants, ants[model_ant], ants[j])
  mu = ant[pdf].params[j]
  # Sample the random number to become the ant's
  # new position.
  d = random_normal(mu,sigma)
  # Move this element of the ant's position.
  ants.params[j] = d
```

连续ACO可以应用于RBF神经网络的鸢尾花模型拟合过程，该过程在PSO和遗传算法（GA）中都可以看到。对于拟合鸢尾花数据集，ACO往往是最有效的，其次是PSO，然后是GA，但ACO无法在所有数据集上对算法效率做出一般性假设。ACO对鸢尾花数据集表现最佳的事实并不意味着ACO对所有数据集表现最佳。下面列出了ACO鸢尾花示例的输出。

```
Iteration #1, Score = 0.20576496592647195,
Iteration #2, Score = 0.20576496592647195,
Iteration #3, Score = 0.20576496592647195,
...
Iteration #61, Score = 0.05167890084491037,
Iteration #62, Score = 0.05148646349444265,
Iteration #63, Score = 0.047341109226974765,
Final score: 0.047341109226974765
[-0.55, 0.24, -0.86, -0.91]->Iris-setosa, Ideal: Iris-setosa
[-0.66, -0.16, -0.86, -0.91]->Iris-setosa, Ideal: Iris-setosa
...
[0.22, -0.16, 0.42, 0.58]->Iris-virginica, Ideal: Iris-
   virginica
[0.05, 0.16, 0.49, 0.83]->Iris-virginica, Ideal: Iris-
   virginica
[-0.11, -0.16, 0.38, 0.41]->Iris-virginica, Ideal: Iris-
   virginica
```

如你所见，ACO算法能够在迭代#63中拟合模型。

7.3 本章小结

ACO是一种合作种群优化算法。ACO的工作原理与遗传算法非常相似，因为你可以将ACO应用于离散问题和连续问题。对于连续问题，ACO、PSO和GA可以互换使用。但是，由于PSO与离散问题不兼容，因此对于离散问题，只有ACO和GA能互换使用。最终，选择算法是程序员的决定，因为对于特定的问题，没有具体的规则来规定要选择一种算法而不是另一种。

离散ACO是ACO算法最早的进展。确定最佳路径和顺序是离散ACO的主要目的。旅行商问题和类似的路径问题是离散ACO的常见应用，路径问题的原理是模拟蚂蚁留下信息素踪迹。成功的蚂蚁强化了好的路径，挥发会降低信息素强度，并鼓励蚂蚁探索新的路径。

连续ACO使用一系列演化的PDF来确定每个蚂蚁的下一个位置，从而允许算法优化一个浮点数向量。从蚂蚁种群计算平均值和标准差值，将形成这些PDF。

到目前为止，本书的重点一直放在合作种群和竞争种群上，这些种群为离散问题和连续问题提供了解。

第8章和第9章将重点讨论细胞自动机和人工生命。细胞自动机将简单规则应用于细胞网格。人工生命尝试模拟简化的生命形式。

第8章
细胞自动机

本章要点：

- 基本细胞自动机；
- 康威的《生命游戏》；
- 演化物理学。

细胞自动机（Cellular Automata，CA）是操纵存储在网格或更高维空间中的值的算法。本章将重点介绍二维空间中以网格表示的细胞自动机。随着细胞自动机的运行，它通常会产生复杂的动画图案。但是，控制网格操作的规则通常非常简单。用基本规则创建精美复杂的图案是细胞自动机的主要目的。

人工生命是细胞自动机的常见应用，因为单个网格细胞可以近似于实际细胞。因此，视频游戏经常利用它们来增强体验。例如，《我的世界》（2009）中的细胞自动机控制着水和熔岩流。

从严格的面向业务的角度来看，第8章和第9章是本书中使用较少的章节。本章介绍的大多数算法都出于娱乐或艺术目的。但是，细胞自动机和人工生命都是非常活跃的研究领域。在本书的Kickstarter项目的支持者中，它们也非常受欢迎。第8章和第9章中不包含本书第10章或本系列图书其余部分的任何预备知识。如果你对细胞自动机或人工生命不感兴趣，可以跳至第10章，而不会漏掉任何预备知识。第10

章将讨论数据科学，这是AI在业务中最实用、最受欢迎的应用之一。

尽管商业应用程序很少利用细胞自动机，但其他行业可以充分利用该技术。密码学、模拟、随机数生成和音乐创作是细胞自动机的代表应用。为了加深你对常见的细胞自动机的了解，本章将介绍基本细胞自动机和康威（Conway）的《生命游戏》。最后，用一个例子展示如何演化自己的细胞自动机。

8.1 基本细胞自动机

基本细胞自动机（Elementary Cellular Automaton，ECA）是一维的，它具有两个可能的状态（标记为0和1）。这两个状态通常以图形方式显示，0表示为白色，1表示为黑色。确定下一代细胞状态的规则仅取决于细胞及其两个相邻邻居的当前状态。因此，ECA可能是最简单的细胞自动机之一。

创建ECA从一个网格开始。网格的首行称为第0行，第0行的初始化应该遵循以下原则：要么全为0，要么是随机的0和1，要么中心列有一个1。第1行将基于第0行中的值进行初始化。类似地，第2行将基于第1行的值进行初始化。这个过程将继续，直到处理完网格中存在的所有行。为了开始计算第1行的各像素值，我们查看每个像素上方的3个像素，从而确定该像素的值。图8-1展示了我们在当前像素的上一行中考虑的3个像素。

从图8-1可以看到，第1行（网格的次行）中的像素受它上方第0行（网格的首行）中3个阴影像素的影响。下面这个简单的表定义了上方3个阴影像素如何影响当前像素。如果有3位，那么我们就有8种可能的值组合，用于表达ECA规则。这个过程指定了当前像素应该是什么。

```
If previous row = 111 then current pixel = 0
If previous row = 110 then current pixel = 0
If previous row = 101 then current pixel = 0
```

```
If previous row = 100 then current pixel = 1
If previous row = 011 then current pixel = 1
If previous row = 010 then current pixel = 1
If previous row = 001 then current pixel = 1
If previous row = 000 then current pixel = 0
```

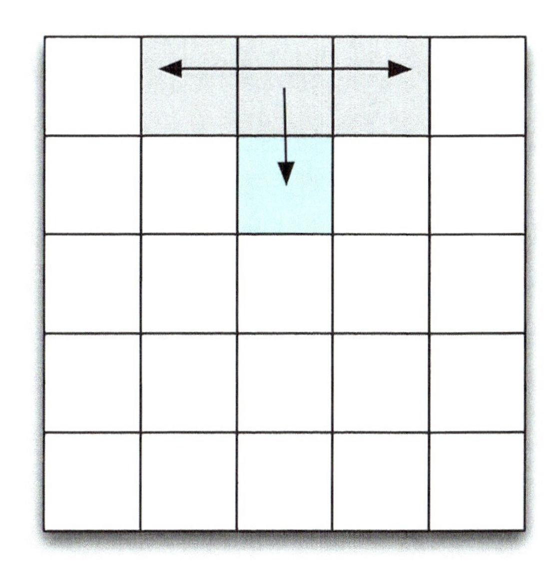

图8-1　ECA中像素的影响关系

如果我们保持上述规则中条件（即If语句）的顺序不变，就可以仅使用当前元素的输出位来指定ECA的行为。在这种情况下，上述规则就是00011110。因为有8个值，所以有2的8次幂（即256）个组合。换言之，我们最多可以指定256种不同的ECA。

Steven Wolfram（2002）提供了一种表示ECA规则的标准化方法。前面提到的If语句与Wolfram建立的If语句的顺序匹配。Wolfram认为二进制数（例如00011110）写起来太麻烦，所以他选择了常规的十进制数。二进制数00011110的规则在Wolfram ECA表示法中称为规则30。图8-2以图形方式展示了规则30。

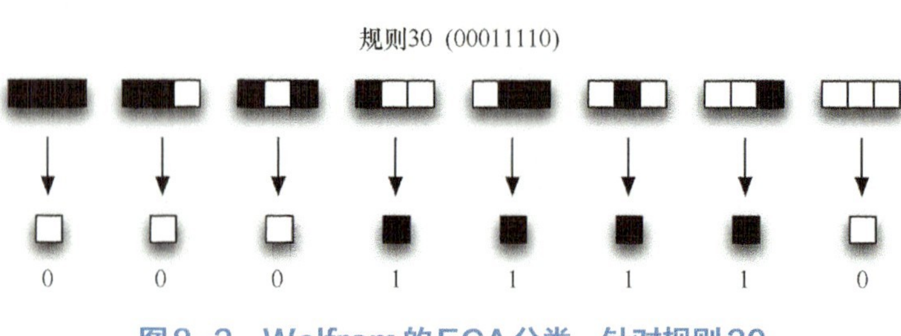

图8-2　Wolfram的ECA分类，针对规则30

要运行规则30，只需将第1行初始化为中心列有一个1。然后，在下一行循环，并按规则30的要求来设置每个像素。在计算一行的第一个像素和最后一个像素时，分别会缺少上一行的左像素和右像素。始终假设缺失的像素为0。图8-3展示了网格边缘的像素缺失。

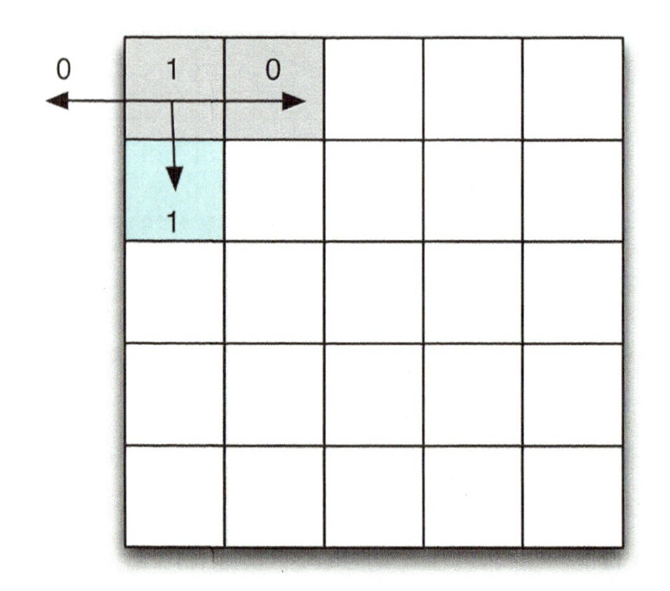

图8-3　ECA中缺失的像素

图8-3展示了第2行第1个像素的计算过程。我们可以直接访问北方和东北方的像素。但是，西北方的像素缺失，被视为0。连同北方和东北方的像素一起，我们得到010。根据规则30，这种情况的

结果为1。正如预期的那样，这些严格的规则可以产生高度重复的图案。规则30的输出如图8-4所示。

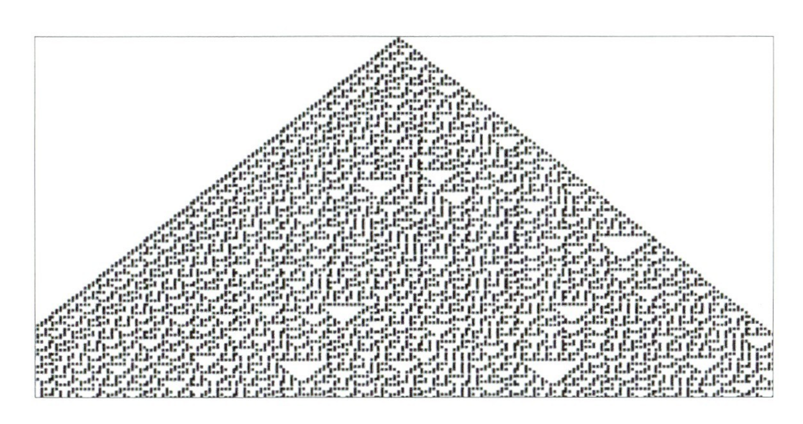

图8-4　ECA规则30（局部）

规则30是特别有趣的ECA，研究人员已经对它进行了广泛的研究。它也发生在自然界中。你在图8-4中看到的三角形和线条图案出现在贝壳上，如图8-5所示。

图8-5　自然界中的规则30

并非所有ECA规则都像规则30一样有趣。图8-6展示了规则94（高度重复的ECA）。

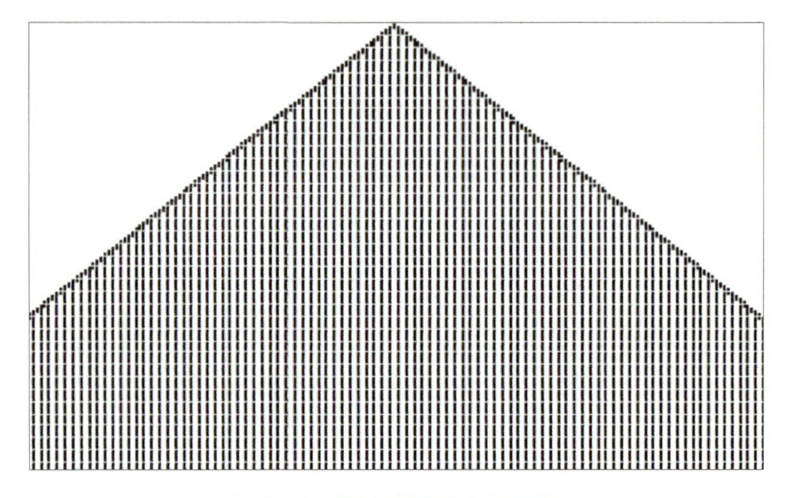

图8-6 ECA规则94（局部）

如果你想查看其他ECA规则的例子，可以去Steven Wolfram的网站上查看所有256条规则的图像。

8.2 康威的《生命游戏》

康威的《生命游戏》（*Game of Life*）（1970）是最著名的细胞自动机程序之一。与ECA不同，《生命游戏》是一个连续不断的动画。网格在每次迭代中都会更新，这些迭代使细胞显得生动活泼。图8-7展示了用本书的JavaScript示例《生命游戏》的一个迭代。

图8-7中的图像实际上并不像《生命游戏》，因为它没有动画。你可以在本书作者的个人网站上看到《生命游戏》的动画版本。

本书的示例也包含《生命游戏》的动画版。

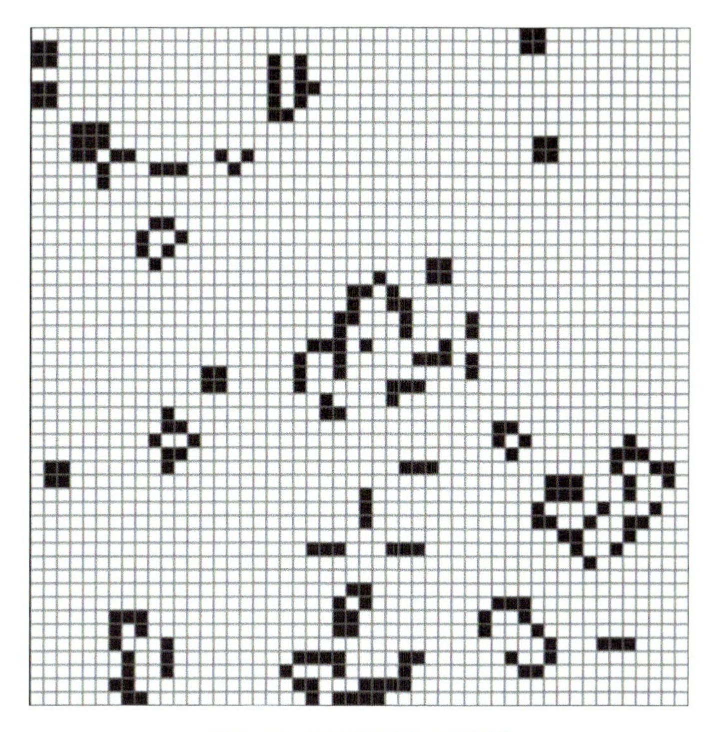

图8-7 康威的《生命游戏》

8.2.1 《生命游戏》的规则

与大多数CA一样，康威的《生命游戏》遵循一系列非常简单、完全确定的规则，没有随机性，清单8-1展示了这些规则。

清单8-1 康威的《生命游戏》规则

```
1．任何少于两个活邻居的活细胞都会死亡，就像是人口不足造成的结果。
2．任何有两个或3个活邻居的活细胞都可以存活到下一代。(通常不需要该规则。)
3．任何具有3个以上活邻居的活细胞都会死亡，就像是人口过多造成的结果。
4．任何具有3个活邻居的死细胞都会变成一个活细胞，就像是繁殖的结果。
```

上述规则将细胞定义为包含值0或1的网格元素。规则1和规则3

指定细胞何时死亡，规则2指定细胞何时继续生存，规则4指定何时创建新的活细胞，将网格元素值设置为1会创建一个细胞。将网格元素值调整为0则会杀死一个细胞。

清单8-1按照康威最初声明的方式展示了这些规则。从技术角度来看，如果你忽略规则1和3无法覆盖的活细胞，则不需要规则2。本书提供的示例并未直接实现规则3，活细胞会一直活着，直到另一条规则杀死它们。

遵守这些规则将产生非常复杂的动画图案。网格通常被初始化为随机图案，运行的网格通常会收敛到稳定的图案。但是，某些网格可以运行很长时间。

8.2.2 有趣的生命图案

康威的《生命游戏》中有许多研究人员已经探索过的有趣图案。你可以研究它们，并通过免费应用程序Golly创建自己的世界。此外，许多已发表的有关游戏图案的论文都将Golly作为研究工具。本书使用Golly捕捉了一些《生命游戏》的图案。你可以从Golly网站下载该应用程序。

一些看似简单的图案可能需要很长时间才能收敛。收敛是指已经达到重复状态的网格。处于收敛状态的网格可能仍然会运动，但是每经过4～10次迭代，它将回到完全相同的状态。需要大量迭代才能收敛的图案称为玛土撒拉（Methuselah）。图8-8展示了一个相对简单的玛土撒拉。

图8-8显示的玛土撒拉在收敛之前的寿命为23 314次迭代[①]。一旦

① Hickerson，2002。

细胞达到这种状态，平均就有2 740个活细胞。大多数玛士撒拉会随着年龄的增长而射出飞船类型的粒子。这些飞船将无限期地行驶，不应将它们视为细胞自动机收敛的一部分。

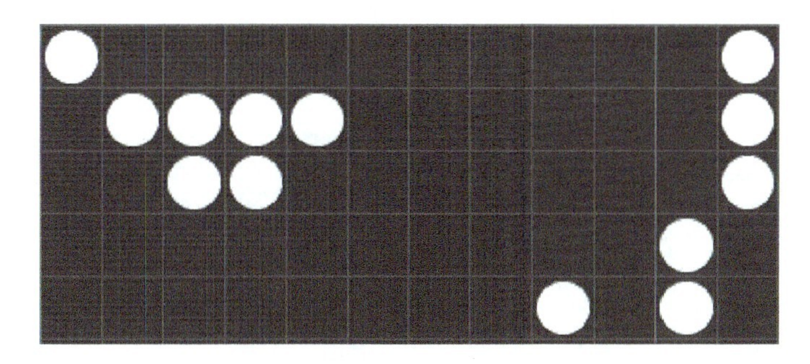

图8-8　玛士撒拉

“飞船”是保持其基本形状并沿固定方向移动的粒子，飞船是《生命游戏》研究中一个非常有趣的方面。图8-9是一种最简单的飞船，被称作“滑翔机”。

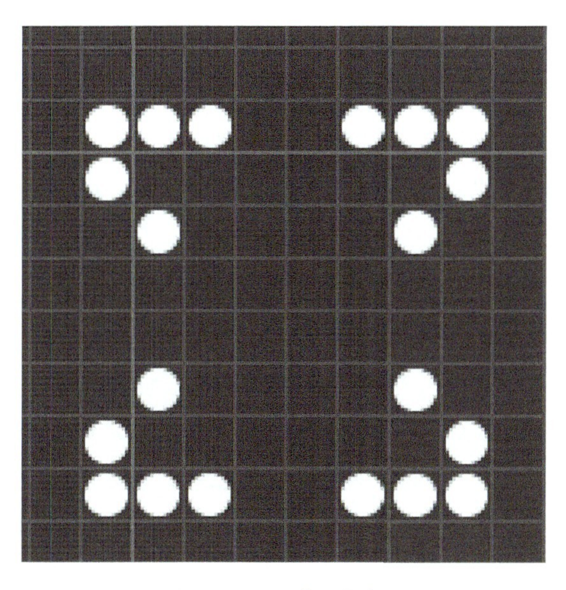

图8-9　4个滑翔机

图8-9中有4个滑翔机。左上方的滑翔机向西北方向移动，右上方的滑翔机向东北方向移动，而底部的两个滑翔机分别向西南和东南方向移动。滑翔机总是沿对角线飞行，而实际上滑翔机只有这4个不同的飞行方向。所有《生命游戏》的飞船都是通过一系列循环来运动的。图8-10展示了滑翔机循环的4个阶段。

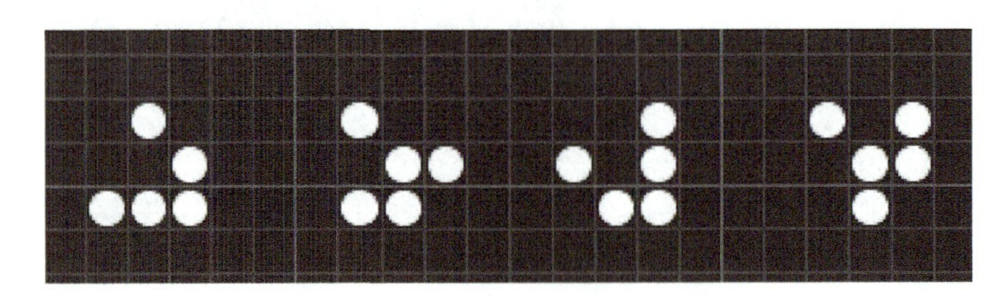

图8-10 滑翔机循环的4个阶段

滑翔机通过在这4个图像中翻转来生成动画，就像翻转页面的过程一样。此外，其他种类的飞船也可以向北、南、东和西四个基本方向飞行。另一个常见的图案是“滑翔机喷枪”，它可以在喷枪指向的任何方向上产生一些滑翔机的喷射流。

如果你用Golly绘制《生命游戏》，实际上有几乎无限的网格。由于Golly将网格存储为稀疏的二维数组，因此内存仅保存活细胞。图8-11展示了一个收敛后的玛士撒拉。这是玛士撒拉较远的视图。

在图8-11中，你应该能够在图像中心附近看到收敛的玛士撒拉。此外，散点射向西北、东北、西南和东南方向。（这些点在本书某些形式的电子书中可能很难看到。）这些点是玛士撒拉收敛时发射的飞船。

在东北对角线或玛士撒拉的核心附近几乎没有任何点，这种稀疏现象的一个原因是，随着时间的推移，核心变得越来越不活跃。在我截屏时的收敛之后，仅发生了几次迭代。最终，核心附近将不会有任何飞船，它们都会驶向深空。

图8-11　从远处看玛士撒拉

8.3 演化自己的细胞自动机

像康威的《生命游戏》这样的细胞自动机很吸引人，并且自数十年前它们被首次提出以来，程序员们就一直在对它们进行试验。我最早从Loadstar针对Commodore 64（C64）的每月光盘订购中看到了康威的《生命游戏》。尽管该程序非常缓慢，并且只能支持C64的40像素×25像素屏幕大小的网格，但它仍然吸引了我。我将慢速的BASIC代码转换为快得多的6510汇编语言的代码。

康威的4个简单规则启发了我，我想创建自己的细胞自动机。我们已经看到，可以用演化算法来演化程序。现在，我将展示如何演化自己独特的细胞自动机。

在本节中，我将介绍我创建的细胞自动机，名为“合并物理学”（merge physics）。这种原始的细胞自动机研究成果已发布到Code

Project，其中，合并物理学是我的评价最高的文章。

合并物理学的目的是，用非常简单的细胞自动机来产生新颖有趣的细胞自动机，因此，我定义了类似于ECA的细胞自动机。我没有使用单个的8位数字进行调整，而是使用了一个含16个浮点数的向量。这些数字的不同组合，可以产生一些令人印象非常深刻的图案。

显然，优化浮点数向量是本书的重点。但是，计分函数并不是那么简单。要演化这些细胞自动机，必须使用基于人的遗传算法（Human-Based Genetic Algorithm，HBGA）。顾名思义，HBGA要求人类完成遗传算法的各个部分。用户的工作是确定哪种细胞自动机看起来更有趣。用户最终扮演计分函数的角色。

假设有一个非常简单的图案向量，它会产生缓慢增长的紫色斑点，这些斑点被膜包围，并且缺乏内部结构。这个宇宙最终会收敛到一个稳定的图案。图8-12展示了这种图案。

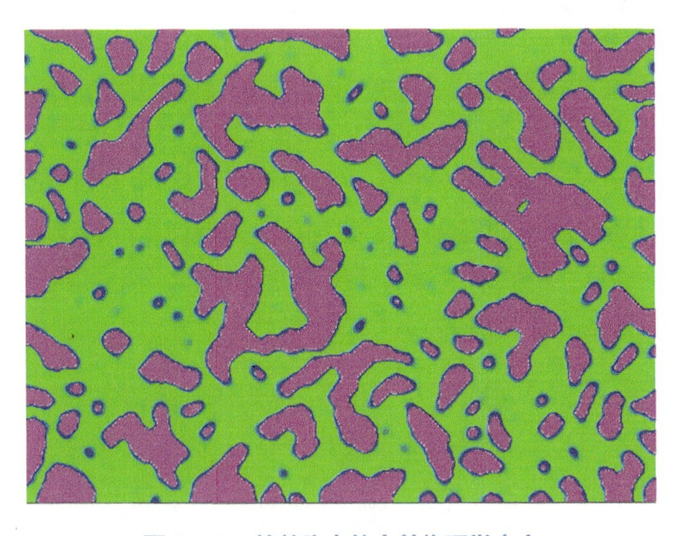

图8-12　简单稳定的合并物理学宇宙

下面展示了产生紫色斑点的向量。[注意，如果你将这个向量保存到一个文件中，并打算在多宇宙查看器（multiverse viewer）中打开它，请确保向量中没有换行符。]

```
[0.8500022604957287, -0.018862014555296902,
-0.5920368462156294, 0.6025118473507605,
-0.25332713280631114, -0.9442865152657809,
0.8385370421691785, 0.11515083295327955,
0.07865610718434457, -0.4461260674309575,
0.6233523022386354, -0.10991833670148407,
0.9372981778896297, 0.7423301656036665,
0.1214234643293226, 0.02417402657410897]
```

至今为止，红色宇宙是我的最爱之一。在这个宇宙中发生了许多活动，类似于康威的《生命游戏》的彩色版。飞船、喷枪和耙子比比皆是！耙子是一种飞船，会留下一堆碎片。宇宙非常繁忙，很少会收敛到静态。细胞结构似乎也随机移动，但是，实际上只有初始状态是随机的，合并物理学中的其他所有事物都是确定性的。图8-13展示了红色宇宙。

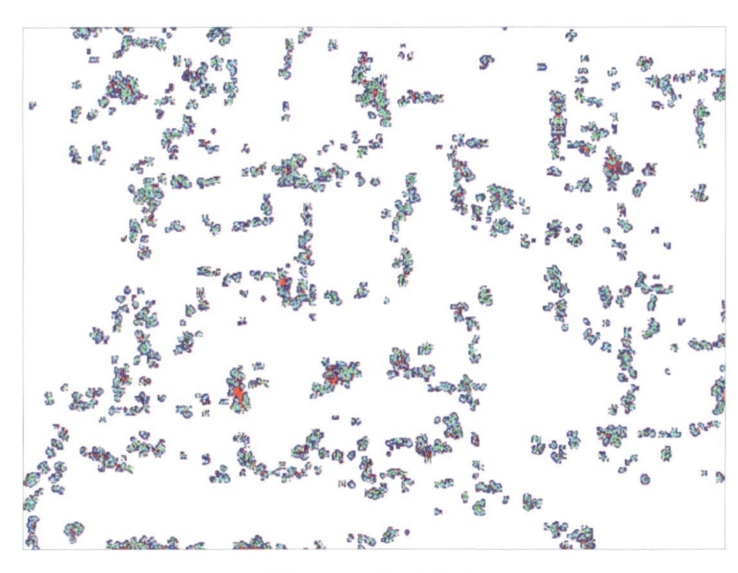

图8-13 红色宇宙

你可能想知道，为什么图8-13包含很少的红色，我们却将它称为“红色宇宙”。由于本书的某些版本以黑白打印，因此出于审美原因，我将图8-13中的红色背景替换为白色。下面展示了产生“红色宇宙”的向量。

```
[0.7975713097932856, 0.04290606443410394,
-0.24797271002387022, 0.9078879446367496,
0.15307785453690795, 0.023971186791761356,
0.9064792766828782, -0.5248003131303094,
-0.1456779635182246, 0.6998501852403781,
-0.0026800425987849597, -0.8630977046192441,
0.06143751170130951, 0.8228374543146946,
-0.11483923870647716, 0.6399758923339068]
```

图8-14展示了一个非常像细胞的黄色宇宙。

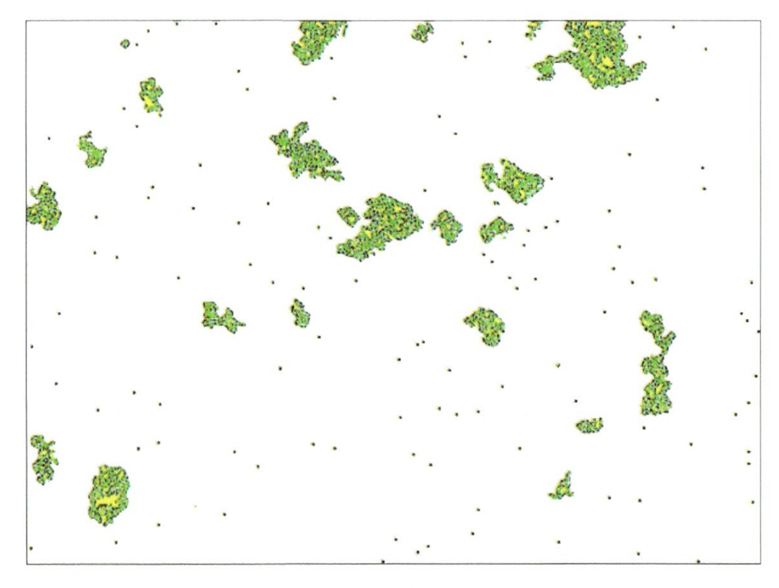

图8-14　黄色宇宙

我从图8-14所示的宇宙中删除了黄色背景，以支持本书的黑白版本。细胞具有确定的膜，并处于运动状态。与红色宇宙（图8-13）

不同，细胞不会严格地在水平或垂直方向上移动。相反，它们在各个方向上的运动更加不稳定。

图8-12～图8-14没有动画效果，无法准确体现它们的宇宙。YouTube视频*Finding interesting Cellular Automata by evolving universal constants using a genetic algorithm*播放了动画的宇宙。

上述视频还介绍了本节中的多宇宙查看器示例程序。该查看器让几个宇宙靠近显示，因此你可以为该遗传算法选择最引人注目的宇宙。

理解合并物理学

我们常用不同的术语来描述细胞自动机和遗传算法。以下这些术语的定义将有助于你的理解。

- 细胞：宇宙中的一个“网格正方形”。每个细胞都有一个包含3个分量的向量，代表RGB颜色。这个向量的每个分量的值的范围为−1～1。值−1表示颜色分量完全关闭，而值1表示颜色分量完全打开。
- 交叉：两个亲本产生一个后代基因组，其中包含两个亲本中的某些元素。
- 基因组：遗传算法种群中的一种生命形式。基因组通常是固定长度的向量。在本例中，基因组具有大小为16的物理向量。
- 突变：单个亲本产生后代。后代的基因组向量将包含一个与该亲本稍有不同的向量。
- 物理特征：控制宇宙在每个时间帧内变化的规则。宇宙的物理特征由存储在向量中的16个物理常数定义。
- 时间帧：每个时间帧运行一次宇宙中的物理特征。屏幕在每个时间帧结束时更新。

- 宇宙：通常初始化为随机像素的细胞网格。每个宇宙必须具有物理特征，定义它在每个时间帧内如何变化。

合并物理学宇宙本质上是像素或细胞的网格。与康威的《生命游戏》不同，单个细胞不是简单地打开或关闭。它们包含红色、绿色和蓝色分量。例如，黑色是[−1, −1, −1]，白色是[1, 1, 1]，蓝色是[−1, −1, 1]。图8-15展示了这个宇宙。

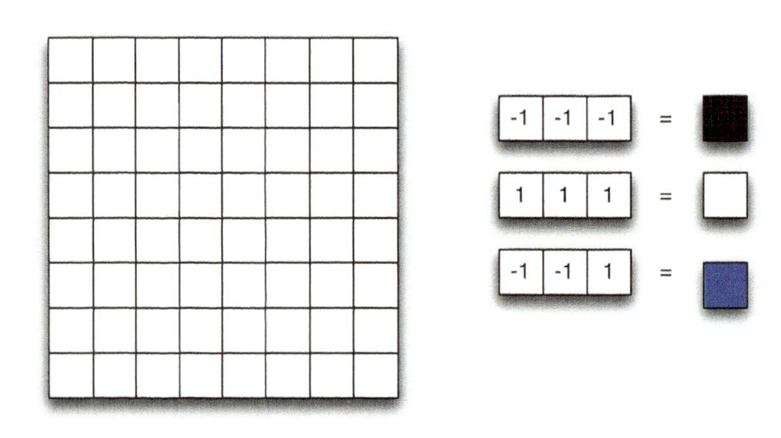

图8–15 合并物理学宇宙

这个配置允许宇宙表示任何RBG颜色。通常，程序员通过将每个细胞设置为−1 ～ 1的3个随机数的向量，将宇宙初始化为随机颜色值。

合并物理学的工作原理是在时间帧内调整每个像素值，每个像素都与特定的关键颜色合并。一个包含16个值的向量定义了发生合并的确切方式。这16个值是定义物理特征的通用常数。更改这16个值可以创建许多不同的宇宙：有些非常简单，可以快速稳定为一种颜色；另一些更迷人，会产生复杂的图案。

所有物理常数的值必须在−1 ～ 1范围内。你可以认为这16个物理常数是下面这样的：

```
[ v0, v1, v2, v3, v4, v5, v6, v7, v8, v9, v10, v11, v12, v13, v14, v15 ]
```

表8-1展示了这些常数如何映射到它们的关键颜色。

表8-1 合并物理学常数布局

索引	红色	绿色	蓝色	得到的颜色	限制	百分比
0	−1	−1	−1	黑色	v_0	v_1
1	1	−1	−1	红色	v_2	v_3
2	−1	1	−1	绿色	v_4	v_5
3	1	1	−1	黄色	v_6	v_7
4	−1	−1	1	蓝色	v_8	v_9
5	1	−1	1	紫色	v_{10}	v_{11}
6	−1	1	1	青色	v_{12}	v_{13}
7	1	1	1	白色	v_{14}	v_{15}

这16个物理常数实际上分为8对，分别对应于8种关键颜色中的一种。关键颜色为黑色、红色、绿色、黄色、蓝色、紫色、青色和白色，表8-1按索引顺序显示了这些关键颜色。红色、绿色和蓝色3列显示了RGB分量的值，就像宇宙像素一样，−1是全关，而1是全开。产生的颜色显示在第5列中。最后两列显示了每种关键颜色的限制和百分比的向量索引，这些值来自物理常数向量。

每个彩色像素都被视为1像素 ×1像素。该算法还确定了像素的所有8个邻居的平均值，这些邻居是当前像素紧邻的北、南、东、西、东北、西北、西南或东南方向的网格元素。如果像素在边缘，则将3个零向量用于该像素。这种设置之所以有效，是因为0是−1和1的平均值，并且程序会在所有相邻像素的颜色分量中进行计算。公式8-1确定了相邻颜色向量的平均值：

$$\mu = \frac{\sum_{i=1}^{N} r_i + g_i + b_i}{3N} \quad (8\text{-}1)$$

N是邻居数，通常为8，但是对边缘像素，可以减少N的数量。你也可以将网格外的像素视为0。这两种处理边缘像素的方法在数学上是等效的。

平均值μ的计算值确定了关键颜色移动的方向。我们按其限制值的顺序考虑每种关键颜色。一旦找到限制值比平均值高的关键颜色，就知道了目标关键颜色。接下来，百分比值（来自物理常数）设置了我们应该移动的关键颜色的距离。如果百分比值为−1，则当前像素将不会更改。如果百分比值为1，则当前像素将立即获得关键颜色的值。百分比保存的范围是−1 ～ 1，因此你应将它们反规范化为实际的百分比值。你可以用以下公式完成这个简单过程：

$$p = \frac{x+1}{2} \quad (8\text{-}2)$$

相同的p值代表3种颜色分量的每一种。公式8-3展示了我们如何根据红色r值、绿色g值和蓝色b值的百分比p值最终确定新细胞c（即像素）的值。我们基本上是将像素向量移向关键颜色k。

$$c_{n+1} = \left[r_n + p(r_k - r_n), g_n + p(g_k - g_n), b_n + p(b_k - b_n) \right] \quad (8\text{-}3)$$

本节提供了多宇宙查看器的示例。某些编程语言的示例通过多线程执行许多相邻的宇宙。是否使用多线程取决于示例使用的编程语言。请参阅示例中的README文件，查看每种语言是否支持多线程。

遗传算法构造可以创建新的宇宙。从一组随机的宇宙开始，用户可以“杀死”较一般的宇宙。因此，多个动态宇宙可以交配并创建后代宇宙。单个动态宇宙也可以创建后代，它是亲本的突变版本。多线程代码允许多个宇宙在多核计算机上相当快地运行。

8.4 本章小结

本章介绍了基于一组简单规则修改网格的CA。大多数CA的创建主要是为了娱乐而制作动画效果。但是，CA也可以有更实用的应用，例如模拟、优化和加密。CA可以存在于更高维度的空间中，但是，本书重点介绍了二维网格中的CA。

ECA是一组256个基于规则编号的简单CA。这些CA中有许多是高度重复的。但是，某些规则会产生非常独特的图案。ECA可以创建一个没有任何动画的静态图像。一些ECA还在计算机程序Mathematica中生成随机数。

康威的《生命游戏》是一个动画CA，自1970年问世以来备受关注，因为它可以通过一组简单的4个规则来产生非常复杂的图案。人们已经在《生命游戏》中发现了多种图案，包括滑翔机、飞船、喷枪和其他物体。

合并物理学是我在2014年创建的一个简单的CA。它让你可以通过基于人类的遗传算法来演化自己的CA。用户会看到各种CA，并可以选择自己喜欢的CA，用于交叉和突变。

在第9章中，我们将在CA的基础上介绍人工生命（Artificial Life，ALIFE）。我将演示一个ALIFE应用程序，它可以使植物演化，以更好地利用有限的资源，例如阳光和水。

第9章 人工生命

本章要点：

- 顶点项目；
- 绘制植物；
- 动画化植物生长；
- 演化出最终的种子。

本书最初是作为一个Kickstarter项目启动的，作为一项奖励，支持者可以选择一个顶点项目。顶点项目是一个较长的示例，它利用了本书中的许多技术。支持者们提出了几个项目，并最终选择了一个人工生命项目。因为我的Kickstarter支持者们也对数据科学的顶点项目表示出了相当大的兴趣，所以第10章也将介绍一个建模顶点项目。我将分3部分介绍该顶点项目，以反映我开发程序的阶段。

本章的项目是一个人工植物盒子的设计，该盒子可以让种子生长为完全成熟的植物。除了示例源代码之外，本书还包括我对该项目的解决方案。该程序产生的种子利用演化算法成长为高等植物。种子以3个活细胞开始，并遵循一套可以演化的规则，这些规则控制得到了植物种类。图9-1展示了通过该程序种植的一棵植物。

从图9-1可以看到，一棵成熟的植物包括叶子、茎和根系。这棵植物演化了几百代。

为了创建这个项目，我完成了3个里程碑，这些里程碑将在后文中进行讨论。具体来说，我将概述这些里程碑，并描述我遇到的挑战。如果要查看该项目任何部分的确切实现，请参考本书的源代码示例。

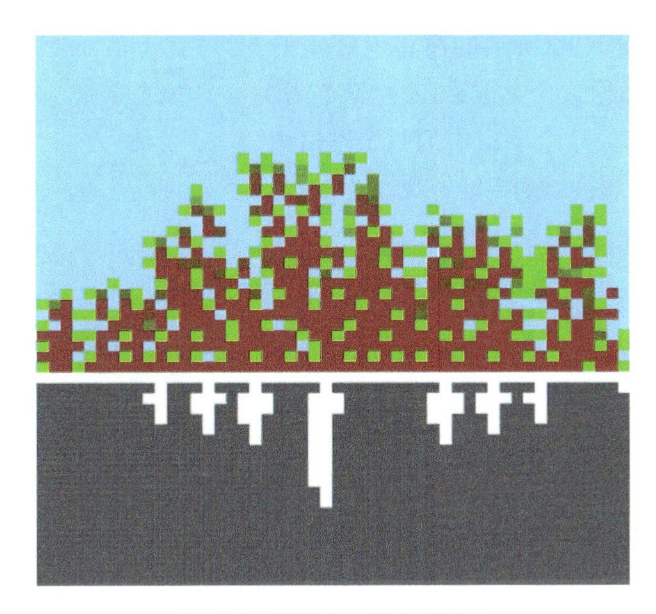

图9-1　植物盒子的完成版本

我打算将这一节作为你自己的人工生命项目的一个可能的起点。我希望我的程序能给你一些有关自己项目的想法。首先，我通常会对我要演化的东西有一个总体规划，但是，如果我要演化一种植物，我的方法与第8章中的移动细胞有些不同。我希望朝着理想的方向微调宇宙，但也希望给它一些自由，让它长成可能令我惊讶的东西。这个过程通常是反复试验的过程，直到该宇宙演化出有价值的东西为止。

9.1 里程碑1：绘制植物

该项目的第一部分仅显示将要生长为植物的种子。无论种子如

何演化，该项目中的所有植物都将从种子开始，该种子将占据宇宙网格的3个垂直网格细胞，如图9-2所示。

图9-2 种子

要渲染图9-2所示的图像，宇宙必须是一个50像素（宽）×100像素（高）的矩形网格。这个宇宙中的每个网格细胞都有以下属性以确定其外观。

- 叶含量（leafiness）：影响细胞有多少绿色（表示叶子）或多少棕色（表示树干）。1.0表示完全是叶子，0.0表示完全是树干。
- 能量（energy）：定义能量值，范围为0～1。0表示死细胞。
- 营养（nourishment）：表示营养量，范围为0～1。
- 计算的日照（calculated sunlight）：表示计算的日照量。
- 计算的水量（calculated water）：表示计算的水量。

如果能量值为0，则该细胞死亡，呈现为透明的。换言之，如果该细胞位于地平线上方，将显示为蓝色；如果它在地平线以下，则该细胞将具有土壤的颜色。水平线或地平线的默认设置是从顶部向下2/3，即66像素处。如果有能量，则该细胞将显示为绿色和棕色之间的值，具体颜色取决于叶含量值。地平线以下的网格细胞是根，程序必须始终将它绘制为纯白色。

从图9-2中可以看到，种子由以下3个部分组成：根、茎和叶。根在地下一个像素，茎在地面，叶子在地上一个像素。叶子具有最大的叶含量值，茎的叶含量值在叶子和树干之间。种子的属性如下所示。

- 叶含量（根）：0；
- 营养（根）：1；
- 能量（根）：1；
- 叶含量（茎）：0.5；
- 营养（茎）：1；
- 能量（茎）：1；
- 叶含量（叶）：1；
- 营养（叶）：1；
- 能量（叶）：1。

网格中的所有其他细胞应将所有属性设置为0。这些信息有助于你创建一个程序来显示图9-2的图像。如果需要更多指导，请参考相关的顶点项目示例，它们有很多相关注释。

要绘制植物，必须确定每个活细胞的颜色。因此，你需要一个由红色、绿色和蓝色组成的调色板。

- 全叶色（绿色）= [0, 255, 0]；
- 全茎色（褐色）= [165, 42, 42]；
- 天空色（淡蓝色）= [135, 206, 250]；
- 土壤色（灰色）= [96, 96, 96]；
- 根色（白色）= [255, 255, 255]。

上面的颜色指定了RGB向量的值[红色,绿色,蓝色]。RGB分量的范围是0 ～ 255。植物在地下的任何部分都仅具有根色。全叶色和全茎色之间的梯度会影响植物在地面上部分的颜色。叶含量属性用来确定像素在全茎色和全叶色之间的距离，是计算渐变所必需的。此外，这些值是预填充表格的理想选择。清单9-1中的伪代码展示了这些值的作用。

清单9-1　生成叶含量的渐变色

```
# Calculate the ranges we must cover.
gradentRangeRed = LEAF_GREEN.red - STEMBROWN.red
gradentRangeGreen = LEAF_GREEN.green - STEMBROWN.green
gradentRangeBlue = LEAF_GREEN.blue - STEMBROWN.blue
# Determine the maximum range between red, green & blue.
maxRange = max(max(
  abs(gradentRangeRed),
  abs(gradentRangeGreen)),
  abs(gradentRangeBlue));
# Scale each of the color ranges to this maximum range.
# Because each color component has a different range, it is
# necessary to move by a different amount in each RGB component.
scaleRed = (double) gradentRangeRed / (double) maxRange;
scaleGreen = (double) gradentRangeGreen / (double) maxRange;
scaleBlue = (double) gradentRangeBlue / (double) maxRange;
# Create an array to hold the gradient colors
gradient = new [maxRange];
# Calculate the gradients
for i from 0 to maxRange-1:
  gradient[i] = new Color(
    int (STEMBROWN.getRed() + (i * scaleRed)),
    int (STEMBROWN.getGreen() + (i * scaleGreen)),
    int (STEMBROWN.getBlue() + (i * scaleBlue)))
```

完成清单9-1的代码后，你现在已经在gradient变量中存储了渐变颜色表。由于叶含量属性的值是百分比，因此你可以用叶含量乘以表的长度，从而确定适当的颜色。

9.2 里程碑2：创建植物生长动画

第1个里程碑创建了一个能够绘制植物宇宙网格的程序。动画就是快速绘制一系列帧。第2个里程碑将创建一个动画植物，让你可以观察它从种子到成熟植物的生长过程，如图9-3所示。

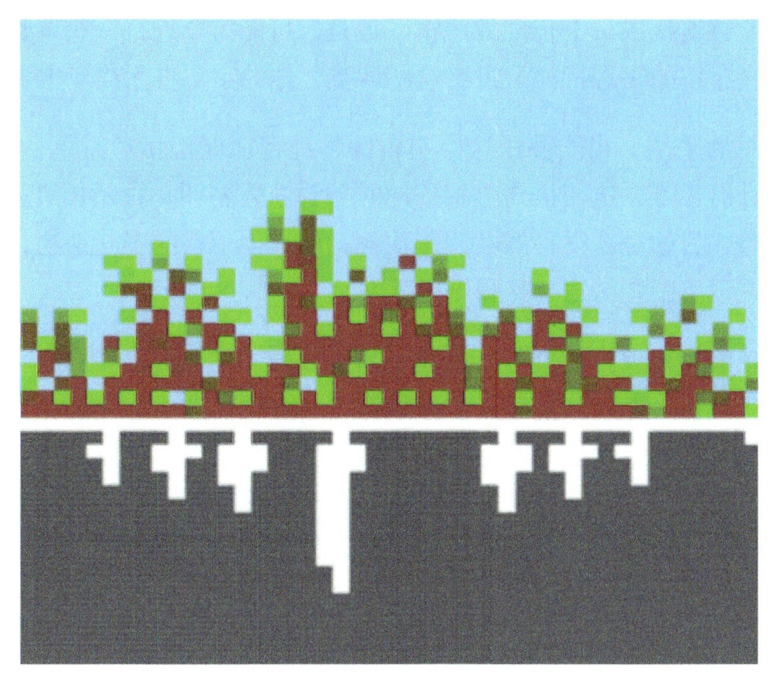

图9-3　生长中的植物

图9-3仅显示了整个生长序列中的单个帧。YouTube视频*Artificial Life: A Plant Growing*记录了植物的生长，以及种子在第3个里程碑中的演化。

要完成这个动画，需要两个不同的系统一起工作。首先，物理学系统控制植物的结构完整性、光和水的吸收，以及植物内部的养分循环。其次，植物生长系统根据植物的DNA向量管理其发育。

9.2.1　植物的物理特征

植物的物理特征定义了植物DNA想要实现的生长限制。保持其物理特征尽可能简单，这很重要。由于植物具有演化能力，因此它们

应该能够演化成一个合理的宇宙。但是，可能需要进行一些调整，才能定义宇宙的物理特征。没有这些调整，你的宇宙将无法产生生命。

总的来说，我能够让这个宇宙的物理特征保持相对简单，但是，在设计时很难在迫使植物生根的同时控制养分循环。我还必须进行一些调整，目的是获得良好的阴影比例，以产生不错的多叶植物，这些植物在远离阳光的地方显得不是太绿。

植物的物理特征决定了植物如何吸收阳光和分配营养。细胞的生长过程模仿自然。细胞从上方获取阳光，光线在地面中止。叶含量较多的部分会吸收阳光，并由于阴影而减少吸收。叶含量较少的部分有较少的阴影，并且可以更好地循环能量和营养。另外，细胞从地下溪流中获取水。简单起见，将溪流设为唯一的水源。根长得越深，得到的水就越多。因此，细胞的这些生长阶段的值是计算出的能量值和营养值，它们代表了由阳光产生的实际能量以及由水提供的营养。每个细胞在其生长阶段中存储这些值。

物理特征使你可以确定水和光的分布。按照从上至下的方式计算光，其中最强的光在宇宙矩形的顶部。该程序将创建一个宽度等于宇宙宽度的向量，并将其初始化为1。这个向量代表光的强度，向量中的每个值都会随着植物吸收光而减小。同样，可以按从下至上的方式计算水向量。图9-4展示了阳光向量和水向量。

该程序以两个独立的过程执行阳光和水的计算。首先是阳光向量通过，然后是水向量通过。两次通过都针对网格的整个高度进行。但是，一旦阳光向量向下越过地平线，它就会变成零向量。同样，一旦水向量向上越过地平线，它就会完全减小到零向量。

阴影会使穿过活着的网格细胞的光向量的每个分量的值发生衰减。衰减量等于叶含量乘以0.1。例如，如果值为0.5的光向量分量穿过叶含量为0.9的活着的网格细胞，我们将0.9乘以0.1，得到0.09的衰减。然后，我们将光向量值0.5乘以0.09，随后的0.09衰减值会将0.5的光向量值减小到0.045。水向量也发生相同的过程变化。

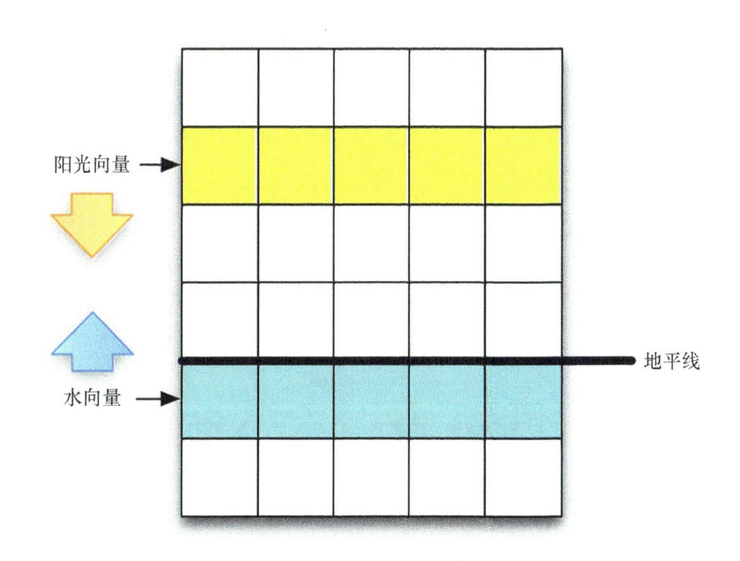

图9-4 阳光向量和水向量

前面讨论的衰减解释了阴影和植物对水的吸收，但是，它不涉及植物中的养分循环。尽管阳光向量和水向量转化为植物的能量和营养，但是单个细胞也可以通过养分循环来获得能量和营养。这个过程允许来自阳光的能量到达根部，并让来自地下的营养到达叶子。图9-5展示了植物养分循环。

图9-5展示了如何计算能量（标为e）和营养（标为n）。每个活着的网格细胞都从养分循环中计算出能量和营养。来自养分循环的能量是从紧接其上方的3个网格细胞计算出的最大能量。同样，来自养分循环的营养是从其下方的3个网格细胞计算出的最大营养。该程序计算这些最大值时，只考虑活着的网格细胞。当前细胞的计算营养值将设置为养分循环营养值和水向量的最大值。此外，你需要将一个细胞的计算能量值设置为阳光向量和计算出的能量的最大值。另外，如

果细胞的营养下降到阈值以下，细胞将死亡。

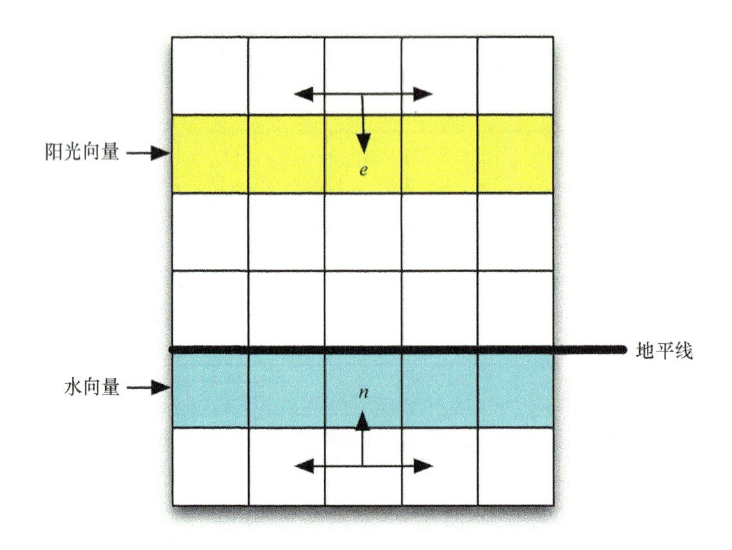

图9-5 植物养分循环

简单起见，养分循环沿单方向移动。如图9-5所示，营养向上而能量向下。养分循环对该项目构成了挑战。一方面，我不希望养分循环物理特征过于复杂；另一方面，消除养分循环将无法产生茎和树干。因此，我尝试了几种养分循环方法。最终选择的方法是在复杂性与茎和树干的强制演化之间取得最佳平衡。图9-5说明了这个方法。

另一个挑战是创造足够的根来支持植物的生长。如果我们不引入根系限制，那么单根就足以养育整个植物。计算阳光通过时考虑了地上植物细胞的数量，而计算水通过时考虑了地下植物细胞的数量。仅在根比率支持的情况下，生长才会发生。9.2.2节包含计算根比率的具体过程。

9.2.2 植物生长

第2个里程碑需要提供植物DNA向量。清单9-2展示了一个有效的DNA向量。

清单9-2　植物DNA向量示例

```
[0.08414097456375995, 0.11845586131703176,
0.1868971940834313, 0.4346911204161327,
0.024190631402031804, 0.5773526701833149,
0.8997253827355136, 0.9267311086327318,
0.04639229538493471, 0.8190692654645835,
0.06531672676605614, 0.026431639742068264,
0.31497914852215286, 1.0276526539348398,
0.03303133293309127, 0.35946010922382937]
```

前面提到过，图9-1展示了植物的最终生长状态。植物DNA向量实质上是一个程序，植物运行该程序以确定它应如何生长。我们在9.2.1节中看到的物理特征限制了植物的生长，因为必须以提供适当能量和营养的方式支持植物的生长。

植物基因组是4个长度为4的向量的数组。因此，整个基因组为4 × 4 = 16个值。4个向量中的每一个都对应于一个细胞的DNA向量。一个细胞信息向量提供了关于一个网格细胞状态的信息。网格细胞可以是活着的（填充的）或死亡的（空的）。

植物DNA向量中包含的每个向量的4个数字分量如下。

- 分量0：该细胞的高度。最后一行为1.0，第一行为0.0。
- 分量1：该细胞接受的日照量（对于地上细胞）或水量（对于地下细胞）。
- 分量2：邻居拥挤程度。
- 分量3：该细胞的营养。

下面列出了由9.2.1节中描述的元素组成的4个向量。

- 向量0：茎期望。

- 向量1：叶期望。
- 向量2：生长选项1。
- 向量3：生长选项2。

向量0和向量1一起使用。对于每个活细胞，我们确定其信息向量更接近向量0还是向量1。如果它的信息向量更接近向量0，则我们会降低该细胞的叶含量。只有叶子能变成茎，但是，茎不能变成叶子。向量2和向量3也一起使用。当植物细胞符合生长条件时，它将评估所有相邻位置，以选择其生长位置。因此，它选择最接近向量2或向量3的相邻位置。如果候选位置不低于向量2或向量3的特定阈值，就不会发生增长。

为了使生长发生，程序必须保持地面以上叶部分与根之间的比率。这个比率计算如下：

```
root ratio = sum(root nourishment) / sum(leafiness)
```

如果该比率小于0.5，则根可以生长；如果该比率大于0.5，则只允许地面以上部分生长。该比率确保了根能够充分支持地面以上植物的生长。

为了进行生长，我们遍历了宇宙中的每个网格细胞。

9.3 里程碑3：演化植物

演化算法可以演化DNA向量从而让植物生长，例如遗传算法、粒子群优化和蚁群优化。为了学习如何产生更好的植物DNA向量，本系列图书的卷1包含了优化算法的示例，例如模拟退火算法和Nelder-Mead单纯形算法。

这个项目使用了第3章介绍的遗传算法。GA种群模型符合我们的目标：模拟演化出最佳植物的植物种群。运行这个里程碑的示例时，你将看到一个不断演化的植物，它代表了至今为止找到的最佳植物，如图9-6所示。

图9-6 植物演化

这个例子将无限期运行，并输出每一代顶级植物的DNA向量。当然，图9-6所示的植物仅处于第11代，将在随后的几代中得到很大改善。

 给植物计分

计分函数是确定特定植物品质的过程。这个算法很简单：植物的

绿色越明显，得分越高。在程序评估其绿色程度之前，植物有100个生长周期。清单9-3展示了给植物计分的伪代码和计分的具体过程。

清单9-3 植物计分

```
score = 0
count = 0
# Assume that universe contains cells after 100
# cycles of a particular plant growing.
for each cell in universe:
  if cell is alive:
    count = count + 1
    if cell is root:
# Give partial credit for a root
      score = score + 0.5;
    else:
      score = score + cell.leafiness
# Calculate average leafiness and roots
score = score / count
```

得分是活细胞的平均叶含量，其中根计为0.5。尽管叶含量少的枝条对得分没有帮助，但它们也是必需的，因为它们会在植物中移动能量和营养。这只是给植物计分的一种方法，计分函数的设计目的应该是创建任何你想要的生物类型。

9.4 本章小结

人工生命是用计算机模拟生物。研究和娱乐应用程序经常利用人工生命。第8章中的细胞自动机是人工生命的某种受限形式。本章的顶点项目采用了细胞自动机的许多概念，并将它们与前几章的演化算法结合在一起。

这个顶点项目以模拟植物为特色。固定长度的向量起着植物DNA的作用。物理特征部分详细描述了能量和营养的收集与植物养

分循环参数，它限制了增长。归根结底，物理学特征限制了植物的生长潜力。植物宇宙之所以能够成功演化，是因为它们可以在物理特征确定的限制范围内最大化生长。

本章介绍了一个顶点项目，并结合了整本书的知识。尽管人工生命是一个引人入胜的研究领域，但是日常业务运营很少用到它。与之不同的是，数据科学是可以将许多AI技术应用于实际业务场景的领域。因此，第10章将介绍一个数据科学的顶点项目在这方面的应用。

第10章 建模

本章要点：

- Kaggle竞赛；
- 整理数据；
- 建立模型；
- 提交测试回复。

第9章的顶点项目展示了受大自然启发的算法在娱乐或模拟上的一个应用。本章将介绍一个关于建模的顶点项目，这是一种面向业务的人工智能应用，是一个更广泛的领域（称为数据科学）的一部分。

因为数据科学是一个相对较新的领域，所以可能很难定义。数据科学家Drew Conway将它定义为以下3个方面的交集：黑客技能、数学和统计知识、实质性专业知识。图10-1描述了这个定义。

黑客技能本质上是计算机编程的子集。尽管数据科学家不一定需要信息技术专业人员的基础结构知识，但是这些技术技能让他们能够创建简短有效的程序来处理数据。在数据科学领域，信息处理称为数据整理（data wrangling）。

数学和统计知识涵盖统计、概率和其他推理方法。实质性知识描述了业务知识以及对实际数据的理解。如果仅将这些主题中的某两个结合在一起，你不会掌握数据科学的所有组件，如图10-1所示。换言之，统计学和实质性专业知识的结合只是传统研究，仅有这两项技能不能包含数据科学所需的能力（即机器学习）。

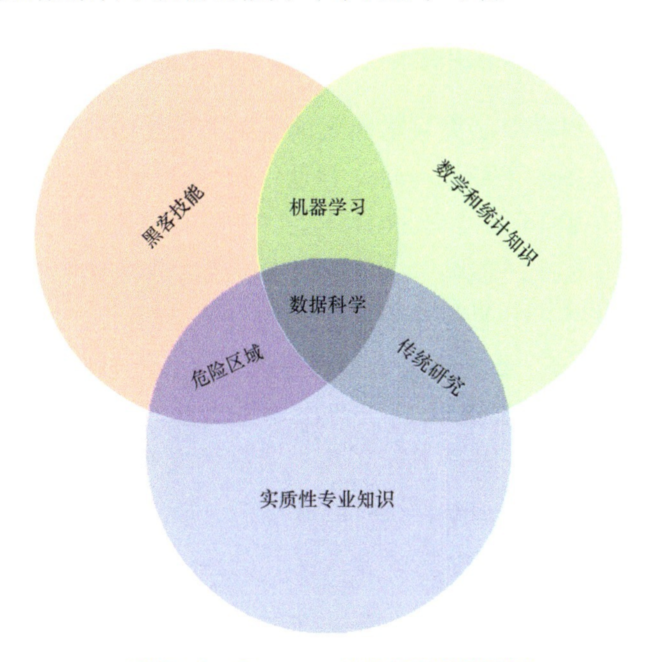

图10-1　Conway的数据科学维恩图

本系列图书涉及黑客技能、数学和统计知识。此外，它还教你创建自己的模型，与数据科学相比，它与计算机科学领域更相关。实质性专业知识很难获得，因为它取决于利用数据科学应用程序的行业。例如，如果你想在保险业中应用数据科学，则实质性知识是指这些公司的实际业务运营。

10.1 Kaggle 竞赛

为了展示这个技术领域，我需要数据。Kaggle是举办数据科学竞

赛的网站，它是很好的数据来源。

Kaggle举行竞赛，数据科学家参加这些竞赛，以提供适合数据的最佳模型。本章的顶点项目以Kaggle的泰坦尼克号（Titanic）数据集为特色。Kaggle网站中有关于泰坦尼克号竞赛的信息。

在开始介绍泰坦尼克号示例之前，重要的是了解一些Kaggle准则。首先，大多数竞赛都在特定日期结束。网站组织者将泰坦尼克号竞赛安排在2014年12月31日结束。不过，他们已经数次将截止日期延长了。其次，泰坦尼克号数据集被视为教程数据集。换言之，该竞赛没有奖品，并且你在竞赛中的得分不会计入，也不会让你成为Kaggle Master。要获得这个最高等级，你必须参加3场Kaggle竞赛，一次要进入竞赛前10名，两次要进入前10%。每个Kaggle竞赛都有一个排行榜，其中显示了得分最高的参赛者。图10-2展示了2014年7月15日的Kaggle竞赛排行榜。

#	Δ1w	Team Name * in the money	Score	Entries	Last Submission UTC (Best – Last Submission)
1	—	Koby Karp *	1.00000	1	Wed, 21 May 2014 18:14:09
2	—	Min-Sik Park	1.00000	15	Sun, 25 May 2014 09:19:21 (-6.2h)
3	—	Hanemori	1.00000	62	Mon, 02 Jun 2014 07:52:26 (-25.2h)
4	—	timothy235	1.00000	6	Fri, 06 Jun 2014 17:00:23
5	—	DG_IST565	1.00000	37	Fri, 11 Jul 2014 23:15:03 (-26.2d)
6	—	John Uckele	1.00000	18	Fri, 27 Jun 2014 18:31:21 (-7.1d)
7	—	Henry Bowers	0.99522	1	Mon, 26 May 2014 18:49:04
8	—	Moti Mizrahi	0.99043	78	Thu, 19 Jun 2014 14:44:07 (-18.7d)
9	—	DataMatrix	0.98086	1	Wed, 02 Jul 2014 11:25:27
10	—	LazyBoy145	0.97608	12	Fri, 23 May 2014 02:51:41

图10-2 Kaggle竞赛排行榜

Kaggle用多种方式对竞赛进行评分。泰坦尼克号竞赛为你提供一组乘客数据，你必须预测他们的生存或死亡。图10-2中的分数（Score）代表成功预测的乘客占比。得分1.0意味着完全准确，得分0.5意味着一半的预测是错误的。

此外，Kaggle提供了两个CSV文件，名为test和train。这两个文件都提供了有关乘客的属性（通常称为要素）。train文件提供了你将尝试预测的结果。在处理泰坦尼克号数据集时，可以使用train数据集构建模型。test数据集本质上是一个测验，你填写将要被评分的答案。完成对test数据集的预测并提交预测后，Kaggle会为你的工作打分。

从图10-2中可以看到，Kaggle允许多次提交。尽管你使用相同的测试数据，但是每次提交时你都会得到不同的分数。Kaggle还限制了每天的提交次数。因为测试数据通常包含很多行，所以蛮力猜测不会有效。此外，对于注册多个账户以便每日获得更多提交次数的人，Kaggle管理员会将此视为欺骗行为，他们严格执行该准则，有时会因为这种行为取消个人的参赛资格。

排行榜还显示了一些在泰坦尼克号竞赛中获得完美分数（1.0）的参赛者。然而，他们的成就令人怀疑，因为一些网站包含了泰坦尼克号乘客及其命运的完整列表，任何人都可以轻松搜索到。

不过，请务必记住，泰坦尼克号数据集是一个教程，而不是实际的竞赛。Kaggle的泰坦尼克号论坛上的普遍共识是，任何高于0.85的分数都利用以前发布的信息动过手脚。

换言之，不可能准确预测每个乘客的命运，因为泰坦尼克号的最后时刻非常混乱。尽管船票等级较高的女性有最大的生存机会，但可能发生意外，或者恐慌的乘客可能无法抵达救生艇。因此，我们将具有完全不可预测结果的个人称为异常值。

1号救生艇增加了许多异常值。尽管这艘救生艇有40个座位，但下水时只有12人。船上有两名乘客是妇女，没有孩子。关于这种差距的新闻传出后，1号救生艇引起了很大争议，出现了有关贿赂的

指控。因此，没有合理的模型可以预测1号救生艇乘客的结果。例如，1912年最富有的人之一John Jacob Astor，是泰坦尼克号的“著名”受害者。考虑到对船员贿赂的指控，Astor本应该是1号救生艇上的幸存者。然而，尽管他要求与怀孕的妻子一起撤离，但他仍被拒绝乘坐另一艘救生艇。为了解决1号救生艇的困境，过度拟合模型可能会学会预测乘客的结果。但是，应避免过度拟合，因为模型仅存储了部分数据，我们希望创建一个从数据中学习的模型，记住数据的模型是无用的。

10.2 里程碑1：整理数据

数据很少以模型可以直接使用的形式出现。清单10-1证明了这一事实，因为它显示了泰坦尼克号训练数据的开始部分。

清单10-1 泰坦尼克号训练数据

```
PassengerId, Survived, Pclass, Name, Sex, Age, SibSp, Parch, Ticket, Fare, Cabin, Embarked
1, 0, 3,"Braund, Mr. Owen Harris", male, 22, 1, 0, A/5 21171, 7.25, , S
2, 1, 1,"Cumings, Mrs.John Bradley (Florence Briggs Thayer)", female, 38, 1, 0, PC 17599, 71.2833, C85, C
3, 1, 3,"Heikkinen, Miss. Laina", female, 26, 0, 0, STON/O2. 3101282, 7.925, , S
4, 1, 1,"Futrelle, Mrs.Jacques Heath (Lily May Peel)", female, 35, 1, 0, 113803, 53.1, C123, S
5, 0, 3,"Allen, Mr.William Henry", male, 35, 0, 0, 373450, 8.05, , S
6, 0, 3,"Moran, Mr.James", male, , 0, 0, 330877, 8.4583,, Q
```

在训练数据中，第一行包含列标题，描述用于预测的属性或特征。第二列是结果，名为Survived。如你所见，数据集中有几列不是

数字。但是，模型必须处理数值数据。训练集的列如下。

- Survived：分类值（1、0），1表示生存，0表示死亡。
- Pclass：序数（1、2、3），表示船票等级，1表示头等舱（最贵），3表示三等舱（最便宜）。
- Name：文本。
- Sex：分类值（m、f）。
- Age：数值，有缺失值。
- Sibsp：数值，兄弟姐妹/配偶的人数。
- Parch：数值，船上的父母/子女人数。
- Ticket：文本，船票号。
- Fare：数值，有缺失值
- Cabin：文本，船舱号。
- Embarked：分类值（c、q、s），有缺失值。表示乘客上船的港口。c表示Cherbourg，q表示Queenstown，s表示Southampton。

训练集包含数值、分类值和序数。分类值是无序且非数值的，例如Embarked属性。换言之，乘客以特定顺序离开港口，但该顺序与模型无关。另一方面，属性Pclass有顺序，因此是序数。因为船票等级是数值，所以我们将Pclass视为数值。我们还必须处理Age、Fare和Embarked属性的缺失值。因此，我们将尝试对这些值进行插值。插值意味着取平均值。但是，我们不想限制我们平均的值。例如，如果我们取所有3个等级的平均票价，则可以在知道等级时更好地对票价进行插值。头等舱的平均票价为88美元；三等舱的平均票价为13美元。按等级而不是对所有乘客进行平均，会得出更准确的结果。

我的规一化过程的输出如下所示。

```
Master: Mean Age: 5.48 (Count: 76, survived: 0.5789473684210527,
```

```
    male.survived: 0.5789473684210527)
Mr.: Mean Age: 32.25215146299484 (Count: 915, survived:
    0.16174863387978142, male.survived: 0.16174863387978142)
Miss.: Mean Age: 21.795235849056603 (Count: 332, survived:
    0.7108433734939759, female.survived: 0.7108433734939759)
Mrs.: Mean Age: 36.91812865497076 (Count: 235, survived:
    0.7914893617021277, female.survived: 0.7914893617021277)
Military: Mean Age: 36.91812865497076 (Count: 10, survived:
    0.4, male.survived: 0.4)
Clergy: Mean Age: 41.25 (Count: 12, survived: 0.0, male.
    survived: 0.0)
Nobility: Mean Age: 41.166666666666664 (Count: 10, survived: 0.6,
    male.survived: 0.3333333333333333, female.survived: 1.0)
Dr: Mean Age: 43.57142857142857 (Count: 13, survived:
    0.46153846153846156, male.survived: 0.36363636363636365,
    female.survived: 1.0)
Total known survival: Mean Age: 29.881137667304014 (Count:
    891, survived: 0.3838383838383838, male.survived:
    0.18890814558058924, female.survived: 0.7420382165605095)
Embarked Queenstown: Mean Age: (Count: 77, survived:
    0.38961038961038963, male.survived: 0.07317073170731707,
    female.survived: 0.75)
Embarked Southampton: Mean Age:(Count: 644, survived:
    0.33695652173913043, male.survived: 0.1746031746031746,
    female.survived: 0.6896551724137931)
Embarked Cherbourg: Mean Age: (Count: 168, survived:
    0.5535714285714286, male.survived: 0.30526315789473685,
    female.survived: 0.8767123287671232)
Most common embarked: Mean Age: S
Mean Age Male: 30.58522796352584
Mean Age Female: 28.68708762886598
Mean Fair 1st Class: 87.5089916408668
Mean Fair 2st Class: 21.1791963898917
Mean Fair 3st Class: 13.302888700564969
```

数据导致了一些有趣的发现。尽管乍看之下，Name（姓名）字段可能没有帮助，因为它纯粹是文本，但前缀例如“Mr.”“Miss”“Ms.”“Master”“Col.”“Major”“Count”和“Rev.”可以为预测提供有用的数据。数据整理是必要的，因为这些值被锁定在姓名文本中。

我按以下方式对前缀进行了分类："Master""Mr.""Miss""Mrs.""Military""Nobility""Doctor"和"Clergy"。输出的第一行显示了每个类别的生存率。

"Master"一词在现代英语中可能会令人困惑。Merriam-Webster在线词典列出了一个古老的定义。

Master：不适合称呼为先生的年轻人或男孩——用作称呼。

虽然这个定义在2014年的英语中已经过时，但在1912年的英语中是通用的。就我们的目的而言，它有助于我们确定泰坦尼克号乘客的年龄。在数据集中，"Master"的平均年龄为5.48岁，"Mr."的平均年龄为32岁，"Nobility"的平均年龄为41岁。

称呼似乎也影响了生存率。尽管"Master"年龄很小，但船上只有58%的男孩得以幸存，没有一个"Clergy"（神职人员）幸存。另一方面，所有的女性"Nobility"（贵族）都得以幸存。此外，40%的男性军人和60%的男性贵族得以幸存。

最后，出发城市似乎也影响了乘客的命运。在Queenstown和Southampton登船的乘客的存活率均在30%左右，而在Cherbourg登船的乘客中有55%存活。除了出发城市，清单还显示了我计算出的其他统计信息。

这些值帮助我确定了适合进行预测的数据部分。归根结底，模型只能接受数值数据的输入。该输入是特征向量，以下几点显示了泰坦尼克号的特征向量。

- Age：插值年龄归一化为-1 ～ 1。
- Sex-male：女性的性别归一化为-1，男性为1。
- Pclass：船票等级[1, 3]归一化为-1 ～ 1。

- Sibsp：原始数据集中归一化为-1～1的值。
- Parch：原始数据集中归一化为-1～1的值。
- Fare：插值票价归一化为-1～1。
- Embarked-c：如果乘客从Cherbourg登船则值为1，否则为-1。
- Embarked-q：如果乘客从Queenstown登船则值为1，否则为-1。
- Embarked-s：如果乘客从Southampton登船则值为1，否则为-1。
- Name-mil：如果乘客有“Military”前缀则值为1，否则为-1。
- Name-nobility：如果乘客有“Nobility”前缀则值为1，否则为-1。
- Name-Dr.：如果乘客有“Doctor”前缀则值为1，否则为-1。
- Name-clergy：如果乘客有“Clergy”前缀则值为1，否则为-1。

我尝试了几种特征向量，最终选择了我上面列出的特征向量。一些前缀仅用于年龄插值，而另一些则是特征向量中的布尔标志。我将每个值归一化为-1～1，RBF神经网络模型在这个输入范围内效果最佳。将分类值规一化独立特征是很重要的。针对乘客登船的3个港口，我归一化了3个独立特征。由于Pclass是序数，因此需要单个特征。

10.3 里程碑2：建立模型

泰坦尼克号数据集可以容纳许多模型。当然，对于某些数据集，某些模型的表现要优于其他模型。据报告称，简单的决策树可达到70～80的高分。包含梯度提升机（Gradient Boosting Machine，GBM）的混合方法在竞赛者中很受欢迎，可以达到80出头的分数。本书中的示例利用了RBF神经网络，因为我只介绍了这个模型。

为了构建模型，交叉验证可以让我很好地估计特定模型的实际

Kaggle得分。交叉验证是一种统计技术，让我能够用同一组数据进行训练和验证。交叉验证尝试利用数据集的不同部分进行训练和验证，从而防止过度拟合。对于过度拟合，我们举一个例子，请考虑准备参加认证考试的学生。为了帮助学生做好准备，认证提供者会提供一个模拟考试，学生可以轻松参加该考试，直到获得及格分数。尽管在模拟考试上进行了大量的工作，但学生不一定能保证成功通过真正的认证考试。学生极有可能在真正考试中表现不佳。经过几次尝试，学生无疑已经记住了考题。尽管在同一个模拟考试中多次重试让他产生了错误的成功希望，但他仍未真正掌握该内容。模型可能会出现相同的问题。在使用泰坦尼克号数据集进行了多次训练之后，我们的模型可能开始记忆而不是学习。在某个时刻，我们甚至可以达到100%的训练成绩，这并不意味着我们将在Kaggle上获得100%的成绩。因此，我们需要一种方法来预测在实际的Kaggle上的效果。

如果训练时间太长，过度拟合通常会发生在RBF网络上。极其漫长的训练过程将持续不断地提高RBF的训练得分，使得该得分逐渐接近100%。因为这些过程鼓励RBF网络进行记忆，所以我们需要在记忆开始之前就停止训练。

为了实现提前停止，我们将数据分为训练数据和验证数据。顾名思义，训练数据仅用于训练。一旦每个训练迭代结束，就使用验证数据评估模型。一旦验证分数不再提高，训练就会停止。请记住，验证数据仅会评估何时停止，它不会用于提高训练成绩。最终评估分数将使我们对Kaggle分数有一个合理的估计。

我们可以做得比单个训练和验证分区更好。交叉验证将训练集分为几段。在这个示例中，我将使用5段，并在5个循环内训练5个模型。因为我们使用5段，所以我们将有5个循环。在每个循环中，其中一段起到验证作用，而其他段则组合成一个训练集。图10-3展示

了这个过程。

循环1	1段 验证	2段 训练	1段 训练	4段 训练	5段 训练
循环2	1段 训练	2段 验证	3段 训练	4段 训练	5段 训练
循环3	1段 训练	2段 训练	3段 验证	4段 训练	5段 训练
循环4	1段 训练	2段 训练	3段 训练	4段 验证	5段 训练
循环5	1段 训练	2段 训练	3段 训练	4段 训练	5段 验证

图10-3 交叉验证

在每个训练循环中，我们将建立一个单独的模型，当该网络在验证段上的得分不再提升时停止训练。用粒子群优化训练该模型。当我们停下来时，所有循环的平均验证分数让我们对未来的Kaggle分数有更好的预估。

最终目标是模型在RBF神经网络从未见过的数据上取得高分，而验证集为该网络提供了良好的测试。一旦验证分数在训练期间不再提高，我们就停止。

在下面的列表中，你可以看到完整的训练过程。

```
Cross validation fold #1/5
Fold #1, Iteration #1: training correct: 0.6067415730337079,
    validation correct: 0.6536312849162011, no improvement: 0
Fold #1, Iteration #2: training correct: 0.6067415730337079,
    validation correct: 0.6536312849162011, no improvement: 1
Fold #1, Iteration #3: training correct: 0.6067415730337079,
    validation correct: 0.6536312849162011, no improvement: 2
...
Fold #1, Iteration #28: training correct: 0.6067415730337079,
```

```
    validation correct: 0.6536312849162011, no improvement: 27
Fold #1, Iteration #29: training correct: 0.6067415730337079,
    validation correct: 0.6536312849162011, no improvement: 28
Fold #1, Iteration #30: training correct: 0.6123595505617978,
    validation correct: 0.659217877094972, no improvement: 0
Fold #1, Iteration #31: training correct: 0.6853932584269663,
    validation correct: 0.7541899441340782, no improvement: 0
Fold #1, Iteration #32: training correct: 0.6853932584269663,
    validation correct: 0.7541899441340782, no improvement: 1
...
Fold #1, Iteration #239: training correct: 0.8047752808988764,
    validation correct: 0.8491620111731844, no improvement: 100
Fold #1, Iteration #240: training correct: 0.8047752808988764,
    validation correct: 0.8491620111731844, no improvement: 101
Cross validation fold #2/5
Fold #2, Iteration #1: training correct: 0.6171107994389902,
    validation correct: 0.6123595505617978, no improvement: 0
...
Fold #2, Iteration #165: training correct: 0.8050490883590463,
    validation correct: 0.8426966292134831, no improvement: 101
Cross validation fold #3/5
Fold #3, Iteration #1: training correct: 0.6143057503506312,
    validation correct: 0.6235955056179775, no improvement: 0
...
Fold #3, Iteration #121: training correct: 0.8176718092566619,
    validation correct: 0.797752808988764, no improvement:
101
Cross validation fold #4/5
Fold #4, Iteration #1: training correct: 0.6129032258064516,
    validation correct: 0.6292134831460674, no improvement: 0
...
Fold #4, Iteration #145: training correct: 0.8260869565217391,
    validation correct: 0.7528089887640449, no improvement:
101
Cross validation fold #5/5
Fold #5, Iteration #1: training correct: 0.6297335203366059,
    validation correct: 0.5617977528089888, no improvement: 0
...
Fold #5, Iteration #165: training correct: 0.8218793828892006,
    validation correct: 0.7752808988764045, no improvement:
101
```

```
Cross-validation summary:
Fold #1: 0.8547486033519553
Fold #2: 0.8426966292134831
Fold #3: 0.8089887640449438
Fold #4: 0.7528089887640449
Fold #5: 0.7752808988764045
Final, cross-validated score: 0.8069047768501664
```

列表显示，训练经历了所有5段，同时还显示了训练和验证分数。但是，我们的兴趣仅在于验证分数。一旦在100次迭代中无法改善验证分数，我们就停止训练。在这个过程的最后，我们假设我们的Kaggle得分将接近5段得分的平均值。尽管我们无法预测确切的Kaggle得分，但这个过程提供了一个粗略的预估。

10.4 里程碑3：提交测试回复

现在，我们可以从第2个里程碑中选取最佳模型，将它提交给Kaggle。因此，我们处理了Kaggle测试数据集中提供的数据。Kaggle测试数据集不包括结果。最佳模型必须生成这些结果，并生成提交文件。清单10-2展示了简单的提交文件。

清单10-2 Kaggle的泰坦尼克号提交文件

```
"PassengerId", "Survived"
"892", "0"
"893", "0"
"894", "0"
"895", "0"
"896", "0"
"897", "0"
"898", "1"
"899", "0"
"900", "1"
...
```

以上数据实际上是考试的答卷，因为它仅包含乘客编号和我们的预测结果。要生成提交文件，我们只需将测试集中的每个数据项传递给我们的模型即可。由Kaggle提供的实际测试集包含所有乘客属性，我们只需要报告乘客的标识符和结果。

将文件提交给Kaggle后，你会收到一个官方评分，其中详细列出了你获得的正确答案的数量。RBF神经网络得分为0.784 69，如图10-4所示。

图10-4 Kaggle提交和分数

该分数与交叉验证预估的80%相差不远，进一步的试验可能还会提高分数。例如，我没有对船票标识符做任何事情，如果从这个字段中提取船舱位置并为模型获取另一个属性，也许可以用于将来的测试。通过9次提交，我取得了0.784 69的成绩。归根结底，Kaggle需要大量的反复试验。要想在Kaggle竞赛中取得成功，可能需要数百次提交。

10.5 本章小结

我讨论了如何将前几章中的某些技术应用于数据科学。预测是数据科学的主要应用之一，而且，人工智能是这一活跃领域的重要组成部分。

本章介绍了作为Kaggle教程竞赛的泰坦尼克号问题，目标是创建一个可基于数据集中的属性来预测泰坦尼克号乘客生存率的模型。竞赛存在一些挑战，例如，大多数数据包含不可预测的异常值，当模

型试图记住这些异常值时，就会发生过度拟合，这会对模型预测主流数据的能力产生负面影响。交叉验证可以防止过度拟合，并允许参赛者获得其Kaggle得分的真实预估。

受大自然启发的算法是人工智能领域中一个活跃的研究领域。本书介绍了许多受大自然启发的算法。竞争种群和合作种群优化评分函数的解；细胞自动机可以通过一组简单的规则产生非常复杂的图案；出于娱乐或模拟目的，人工生命尝试重现自然的某些方面；鸟群和蚁群可以教会我们优化和改进过程；粒子群优化可以使模型（例如RBF神经网络）适应数据，并预测乘客是否在泰坦尼克号灾难中幸存。

如果你有兴趣学习有关人工智能的更多信息，本系列图书的卷3将重点介绍神经网络模型，包括传统神经网络和深度信念神经网络（Deep Belief Neural Network，DBNN）。本书中探讨的某些算法将应用于演化NEAT和HyperNEAT神经网络。尽管神经网络最初是基于人脑的，但现在它们是指几乎所有使用连接的AI模型。这些模型将成为下一本书的主题。

附录A 示例代码使用说明

A.1 系列图书简介

这些示例代码都是还在写作中的系列图书的组成部分，可以访问本书引言中给出的网址，关注系列图书的写作和出版状态。本系列图书包括以下几卷：

- 卷0：AI数学入门；
- 卷1：基础算法；
- 卷2：受大自然启发的算法；
- 卷3：深度学习和神经网络。

A.2 保持更新

本附录介绍如何获取本系列图书的示例代码。

这可能是本系列图书中变化最快的一部分了，各种编程语言总是在变化并且不断推出新的版本，我会适时更新这些代码，同时修复一些已知问题，因此最好使用最新版本的示例代码。

由于示例代码更新较快，因此如果以文件形式提供，可能会很快

过时，所以建议你前往下述网址下载最新版本文件：

https://github.com/jeffheaton/aifh

A.3 获取示例代码

本书的示例代码提供多种编程语言的实现，并且大多数分卷的主要代码包都包含Java、C#、C/C++、Python和R语言形式。卷2发行时，包括Java、C#、Python和Scala，自图书发行以来，可能已经添加了其他语言的版本。社区也可能会补充其他语言的对应实现。所有示例代码均可在下述GitHub开源库找到：

https://github.com/jeffheaton/aifh

进入仓库后，有两种不同的方法可以下载示例代码。

A.3.1 下载压缩文件

GitHub有一个图标，可以下载包含本系列图书所有示例代码的ZIP压缩文件—— 一个压缩文件就包含全部代码，也因此该文件内容变化会很快，你最好在阅读每一分卷之前都下载最新版本的文件。下载请访问下述网址：

https://github.com/jeffheaton/aifh

即可看到图A-1所示的下载链接。

A.3.2 克隆Git仓库

如果你的电脑上安装了版本控制软件Git，那么所有示例代码

都可以通过Git获取。下面这行命令即可把示例代码克隆到你的电脑上。（所谓“克隆”其实就是复制传输整个库文件的过程。）

```
git clone https://github.com/jeffheaton/aifh.git
```

还可以通过下面这行命令拉取最新的更新：

```
git pull
```

如果需要一份Git指南，可以访问Git官网。

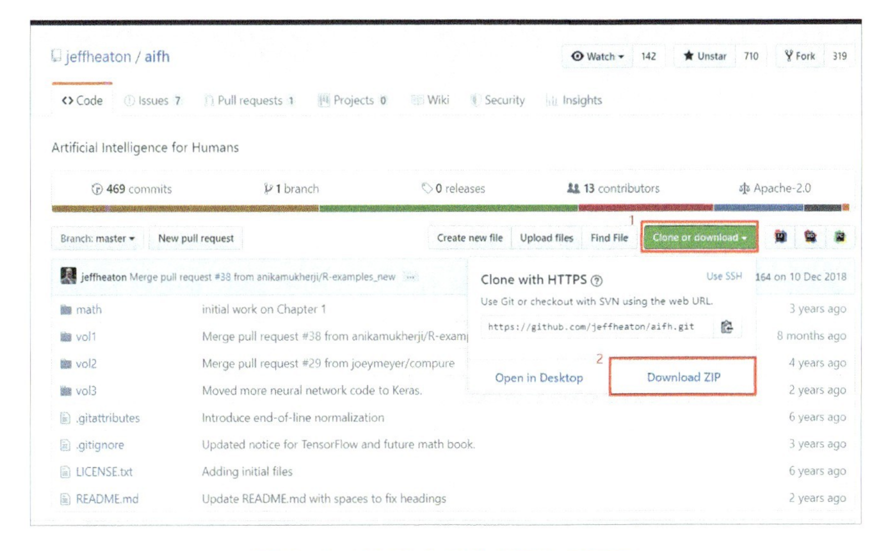

图A-1　GitHub对应代码仓库页面

A.4　示例代码的内容

用下载文件的方法获取示例代码，则本系列图书的所有示例代码都在一个压缩文件中。

打开文件就可以看到图A-2所示的内容。

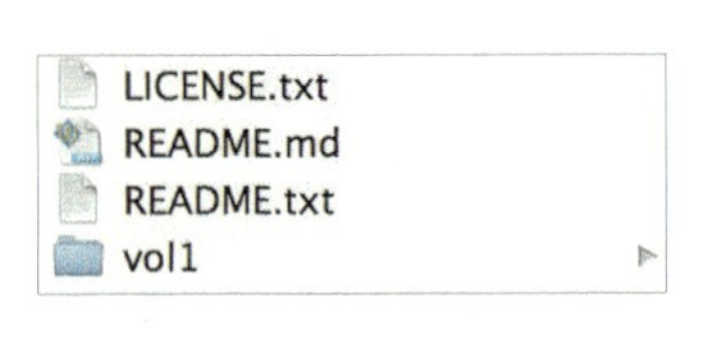

图A-2 下载的示例代码文件

其中LICENSE.txt文件内容是示例代码所用的开源许可证的信息，本丛书所有示例代码均基于开源许可证Apache 2.0发布，这是一个自由且开源的软件许可证。该许可证意味着我不保留对该文件的版权，同时你还可以将其中的文件用于商业项目，而不需要获得进一步的许可。

本书源代码可以免费获取，但书籍内容不行。这些书都属于我以各种形式售卖的商品，虽然我都以无数字版权管理（Digital Rights Management，DRM）的形式发布，但你无权重新发布具体的书籍内容，不管是PDF格式、MOBI格式、EPUB格式还是其他什么格式，一律不行。您的支持是我最大的动力，也是本系列图书能够顺利完成的保证。

下载文件中包含两个README文件[①]。其中README.md是一个包含图片和格式化文本的Markdown文件，README.txt则是一个纯文本文件，二者包含的信息都差不多。要了解更多关于Markdown文件的信息，请访问下述网址：

https://help.github.com/articles/github-flavored-markdown

在下载好的示例代码文件中，在好几个文件夹中都可以看到README文件，其中最上层文件夹中的README文件包含的是关于本系列图书的信息。

① 实际上现在只有README.md文件了。——译者注

你还可以看到文件中包含每一分卷单独的文件夹，分别名为vol1、vol2等。你看到的可能不是全部的卷目文件夹，因为整个系列还没有写完。每个分卷文件夹的结构都一样，比如你打开卷1对应的文件夹，看到的会是图A-3所示的内容。

图A-3　卷1对应文件夹的内容

在这个文件夹中，可以看见两个README文件，其中包含的是针对这一卷的信息。在README文件中，最重要的信息就是示例代码的当前状态。因为社区经常会提交示例代码，所以部分示例代码可能并不完全，这时该卷对应的README文件就可以提供这一重要信息。此外，每一卷的README文件中还包含了该卷对应的勘误表和常见问题解答。

你应该也看到了一个名叫chart.R的文件，其中包含的是我用于创建本书中很多图表的源代码。我使用R语言创建了本书中几乎全部的图表，该文件则让读者能够看到图表背后蕴含的公式。由于这部分R代码仅仅用于我的写作过程，因此我也就没有把这个文件转换为其他语言。要是我创建图表时使用的是其他编程语言，比如说Python，那你看到的就应该是一个名为chart.py的文件，其中包含对应的Python代码。

你还可以看到，卷1中包含了C、C#、Java、Python和R的示例代码，这些都是我力求提供完整代码的主要语言，但同时你也可以看

到后来补充的其他语言。再强调一遍，一定要核对README文件中关于语言移植的最新信息。

图A-4展示了一个典型的语言包中的内容。

注意README文件，各个语言文件夹内的README文件非常重要。图A-4的README文件内容是在Java环境中使用示例代码的指引。如果使用书中某种语言的示例代码时出现问题，首先就应该看看README文件。图A-4中的其他文件都是Java文件夹中独有的，README文件提供了更多相关细节。

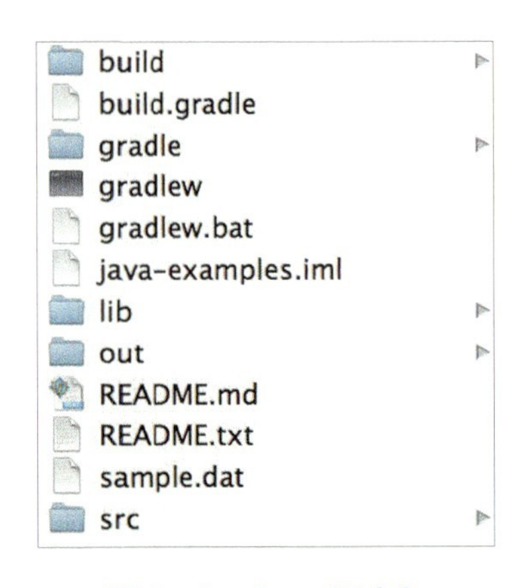

图A-4 Java语言包

A.5 如何为项目做贡献

你想把示例代码转换为另一种新的语言吗？你有发现什么疏漏、拼写错误或是别的问题吗？我想可能是有的。现在，只要在该项目基础上分叉出一个分支，并在GitHub上推送提交修订，你就可以成为这个不断增长的项目协作者群体中的一员。

整个过程始于“派生”（fork）操作。你创建了一个GitHub账户并

分叉了一个AIFH项目，这样就产生了一个新项目，相当于是AIFH项目的副本。然后用跟克隆AIFH主项目差不多的方式来克隆你的新项目，对新项目做出改动之后，就可以提交一个“拉取请求”（pull request）。在收到你的请求之后，我就会审核你的改动或是补充，并将其合并（merge）到主项目中去。

关于在GitHub上进行协作的更多、更详细的内容，请参见下述网址：

https://help.github.com/articles/fork-a-repo

参考资料

这里列出了与本书内容相关的参考资料。

[1]Baker J E. Reducing Bias and Inefficiency in the Selection Algorithm. [C]//Genetic algorithms and their applications: proceedings of the second International Conference on Genetic Algorithms. Cambridge, MA: Massachusetts Institute of Technology,1987: 14-21.

[2]Bäck T. Evolutionary algorithms in theory and practice evolution strategies, evolutionary programming, genetic algorithms[M]. New York: Oxford University Press, 1996.

[3]Blum C, Socha K. Training feed-forward neural networks with ant colony optimization: An application to pattern classification. [C]//Fifth International Conference on Hybrid Intelligent Systems. Rio de Janeiro, Brazil 2005: 233-238[2014-07-27].

[4]Conway D. The Data Science Venn Diagram[EB/OL]. Drew Conway BLOG.[2014-07-27].

[5]Conway J. Mathematical Games-The fantastic combinations of John Conway's new solitaire game "life"[J]. Scientific American,1970, 223: 120-123.

[6]Cook O F. Factors Of Species-Formation[J]. Science, 1906, 23(587): 506-507.

[7]Deb K, Pratap A, Agarwal S, et al. A fast and elitist multiobjective genetic algorithm: NSGA-II[J]. IEEE Transactions on Evolutionary Computation, 2002, 6(2): 182 - 197.

[8]Dorigo M. Ant colony optimization[J/OL]. Scholarpedia, 2007, 2(3): 1461.

[9]Hartmanis J. Computers and Intractability: A Guide to the Theory of NP-Completeness (Michael R. Garey and David S. Johnson)[J]. SIAM Review,1982, 24(1): 90.

[10] Heaton J. Using an evolutionary algorithm to create a cellular automata[EB/OL]. CodeProject.[2014-07-27].

[11] Hölldobler B, Wilson E O. The ants[M]. Cambridge, Mass.: Belknap Press of Harvard University Press, 1990.

[12] Kaufman L, Rousseeuw P. Computational Complexity between K-Means and K-Medoids Clustering Algorithms for Normal and Uniform Distributions of Data Points[J]. Journal of Computer Science, 2010, 6(3): 363-368.

[13] Kennedy J. Minds and Cultures: Particle Swarm Implications for Beings in Sociocognitive Space[J]. Adaptive Behavior, 1999, 7(3-4): 269-287.

[14] Koza J R. Genetic programming: on the programming of computers by means of natural selection[M]. Cambridge, Mass.: MIT Press, 1992.

[15] Miller B L, Goldberg D E. Genetic Algorithms, Tournament Selection, and the Effects of Noise[J]. Complex Systems, 1995, 9: 193-212.

[16] Mitchell M. An introduction to genetic algorithms[M]. Cambridge, Mass.: MIT Press, 1996.

[17] Mühlenbein H, Schlierkamp-Voosen D. Predictive Models for the Breeder Genetic Algorithm I. Continuous Parameter Optimization[J]. Evolutionary Computation,1993, 1(1): 25-49.

[18] Poli R, Langdon W B. A field guide to genetic programming[M]. [S.l.]: Lulu Press, 2008.

[19] Reynolds C W. Flocks, Herds And Schools: A Distributed Behavioral Model[J]. ACM SIGGRAPH Computer Graphics, 1987, 21(4): 25-34.

[20] Snell D. Genetic Algorithms-Useful, Fun and Easy![J]. Forecasting & Futurism Newsletter, 2013, 6: 7-15.

[21] Stanley K, D'Ambrosio D, Gauci J. A Hypercube-Based Indirect Encoding for Evolving Large-Scale Neural Networks[J]. Artificial Life journal, 2009, 15(2): 1-10.

[22] Vitter J S. Random sampling with a reservoir[J]. ACM Transactions On Mathematical Software, 1985; 11(1): 37-57.

[23] Wolfram S. A new kind of science[M]. Champaign, IL: Wolfram Media, 2002.